科學作家、氣象預報員
今井明子

\ 圖解版 /

世界氣候全解密

從地理和地球科學了解世界氣候是如何運作

晨星出版

前言

初次見面，大家好，我是今井明子，是擁有氣象預報員資格的科學作家。

各位喜歡旅行嗎？要去平時沒去過的地方時，大家想必都會一邊想「那裡跟這裡比，是更冷還是更熱呢？」、「那裡會常常下雨嗎？」，一邊做收拾行李的準備吧。等到了當地後，我們會看到那塊土地特有的動植物，以及配合氣候而生的住宅、服裝和習慣。品嚐當地獨有的美味食物，也是旅行的樂趣之一。這才叫做體會異國風情。

在學校的地理課上，我們會學到各地的氣候、名產和主要產業。有了這些知識，旅行就會變得更有趣。不過上地理課時，老師通常只教「這個地方是這種氣候」，所以你可能會產生像是「為何這地區的雨量會這麼少？」、「為何一天的溫差會這麼大？」之類的疑問吧。

有很長一段時間，我對沙漠不是出現在赤道正下方，而是在緯度更高一點的地方感到困惑。印象中酷熱難耐的撒哈拉沙漠，竟然不是位於赤道正下方，讓我感到很不可思議。這個謎直到我開始準備氣象預報員的考試，才終於解開。至於這背後的原理，我會在本書中詳細解釋。地理和地球科學的知識在意想不到的地方產生交集，這些讓我頓時恍然大悟的經驗，令我的印象非常深刻。

地理是社會組的科目，地球科學是自然組的科目，而社會組是文組，自然組是理組，兩者的關係乍看之下似乎很遠。然而，這兩個學科都是以地球為主題，其實應該算非常相近的領域才對。在本書中，我將結合地理和地球科學，對世界各國的氣候和常見的天氣現象進行解說。

希望每位讀者在看完本書後，都能對自己好奇的氣候秘密和名產秘辛，有更清楚的了解。此外，既然本書是由天氣預報員所寫，我也想順便講解各氣候帶常出現的氣象與天然災害。

由於新冠疫情一再延長，想必有很多人已經好幾年沒辦法出國旅行了。如果能讓各位在閱讀本書時想像地球上的各個角落，體驗在腦內旅行的感覺，那將是我的榮幸。

2022年6月　今井明子

CONTENTS

CONTENTS

第7章 亞寒帶的氣候 119

第8章 寒帶的氣候 137

CONTENTS

第9章 氣候異常與地球暖化

第1章

創造氣候的太陽、大氣、海洋

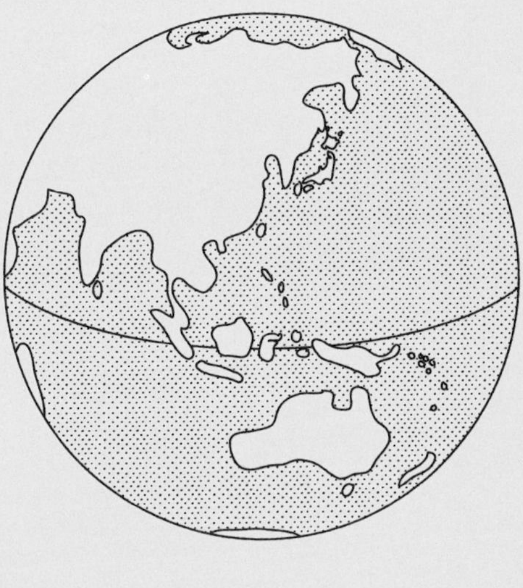

從熱帶到寒帶，這世界上有各式各樣的氣候帶。
所謂的氣候，就是各個區域每一年依固定順序周而復始的大氣狀態。
決定地球氣候的因素，包括太陽的高度、大氣和洋流的循環等等。
首先，我要從陽光的照射方式，
以及整個地球的大氣和海水流動開始說起。

1 有四季皆夏的國度，也有嚴寒無比的地區：地球上的各種氣候帶

赤道附近炎熱，南極和北極寒冷

地球上有終年炎熱，四季如夏的地方，也有夏季依舊冰天雪地的區域。大致上來說，赤道附近的低緯度地區基本氣溫都偏高，接近南北極的高緯度地區，則一年四季都冰天雪地。

像這樣終年炎熱或寒冷的地區，都跟緯度有密切關係。如果以緯度區分氣候，從北緯23度26分的北回歸線以南，到南緯23度26分的南迴歸線以北，靠近赤道的區域為熱帶，而北緯66度33分以北的北極圈，以及南緯66度33分以南的南極圈為寒帶，熱帶和極地之間則為溫帶，台灣和日本就剛好位於溫帶。

以植被、氣溫和降雨方式為氣候分類的柯本

然而，地球的氣候分類其實沒有這麼單純。台灣和日本雖然

氣候帶

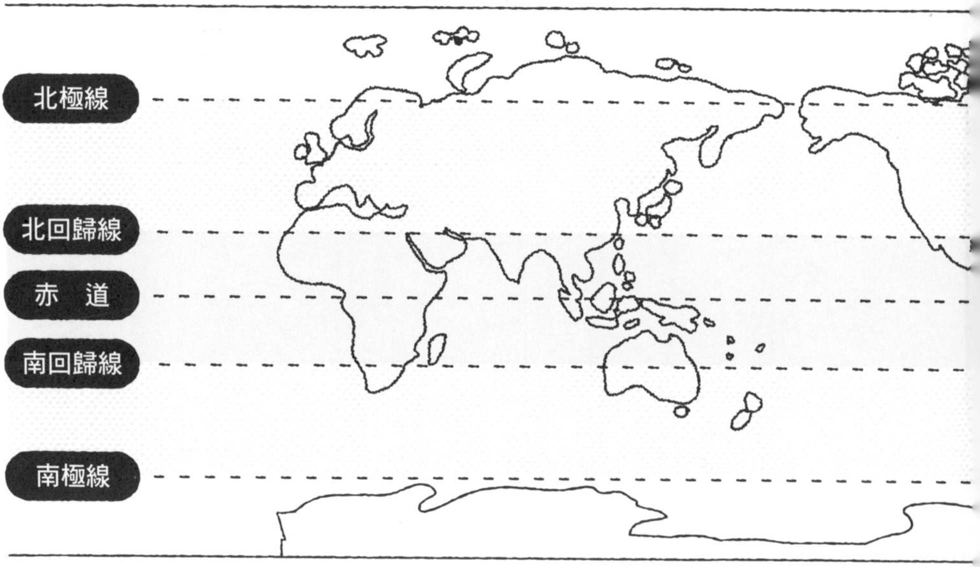

地球的氣候分類，是依緯度進行大致的區分。即使名義上是熱帶或溫帶，實際的氣候也會依降雨方式不同，而產生明顯差異。

位於溫帶，但日本的沖繩和北海道的氣候卻南轅北轍。此外，即使同樣位於熱帶的地區，也有終年降雨和鮮少有雨的分別。雨量豐沛的地區會長出茂密的森林，雨量稀少的地區會形成沙漠，或清一色都長滿耐旱植物。每個區域都棲息著能適應該區環境的動物。

德國的氣候學家柯本（Köppen）聚焦在植物的分布上，並根據氣溫和降雨型態，為全世界的氣候進行分類。這就是我們在學校的地理課上過的氣候分類。由於柯本氣候分類法的類型非常複雜，所以本書將分成「熱帶」、「乾旱帶」等章節，逐章進行詳細介紹。

柯本氣候分類法

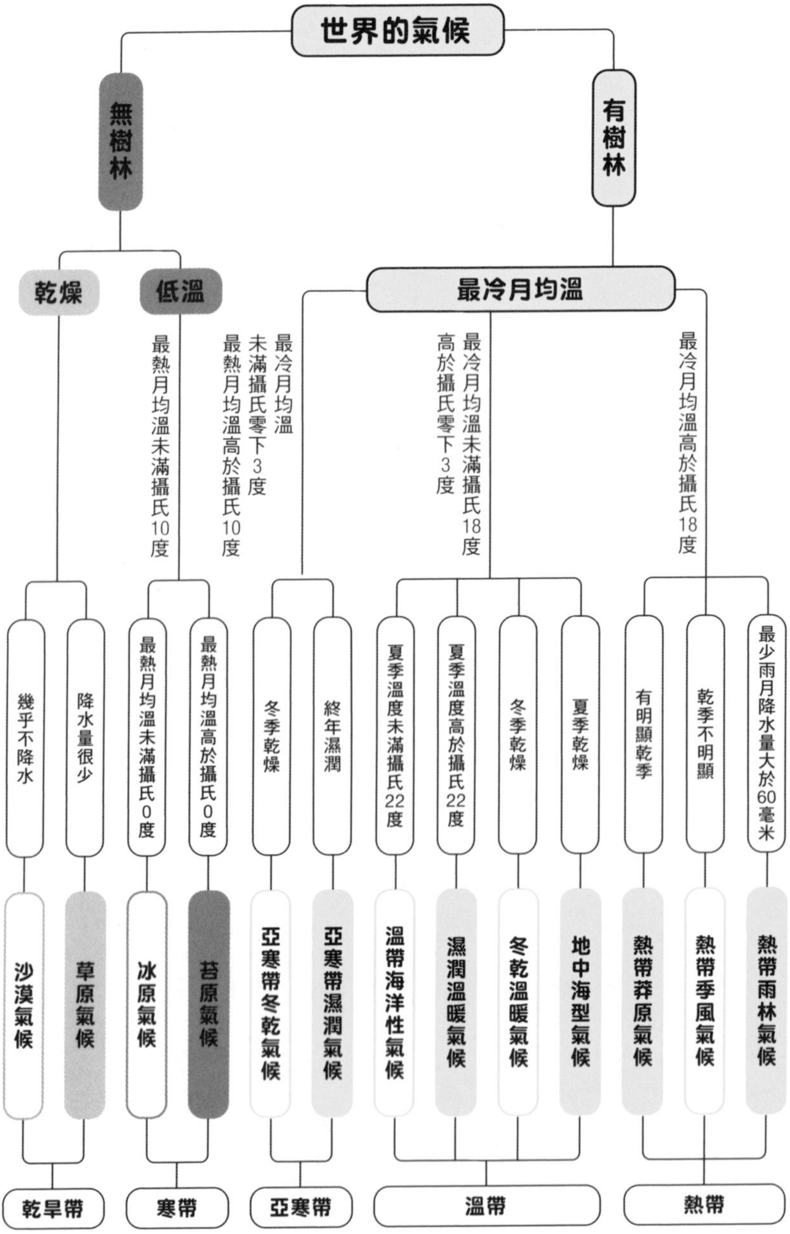

由柯本提出的分類法。根據樹木的有無、氣溫、降水量來區分世界的氣候。

2 地球有四季的原因

「傾斜的地軸」造就了四季

台灣四季分明。熱帶是四季皆夏的區域。北極在夏季是太陽終日不落下的「永晝」，到冬季則是太陽終日不升起的「永夜」。這些季節的變化，都是地球以傾斜的地軸，圍繞太陽公轉（一年繞一圈）所引起的。

此外，地球也以連結南北兩極，名為「地軸」的軸線為中心，如陀螺般自轉（一天轉一圈）。這條地軸的傾斜度約為23點4度。

下一頁的圖是呈現地球圍繞太陽公轉時，陽光照射地球的方式，以及從北極點、北半球、赤道、南半球、南極點等五處的地面往上看時，太陽是如何移動的。

夏至時，太陽在北極會沿著地平線水平移動，不會落下，也就是永晝。另一方面，太陽在南極則完全不會升起，也就是永夜。北半球的太陽高度角（譯註：太陽光線與地面形成的仰角）大，太陽以彷彿繞遠路的方式，在空中斜向移動。南半球的太陽高度角小，以彷彿抄近路的方式前進。到冬至時，太陽的移動方式和夏至時恰好相反。

到春分和秋分時，北極點和南極點的太陽是貼著地平線移動。在其他地區，太陽會從正東方走到正西方，晝與夜的長度也幾乎相等。

在赤道上，太陽一整年都會沿著和地平線垂直的方向升起、落下，但隨著季節推移，太陽的

地軸傾斜和四季變化的原理

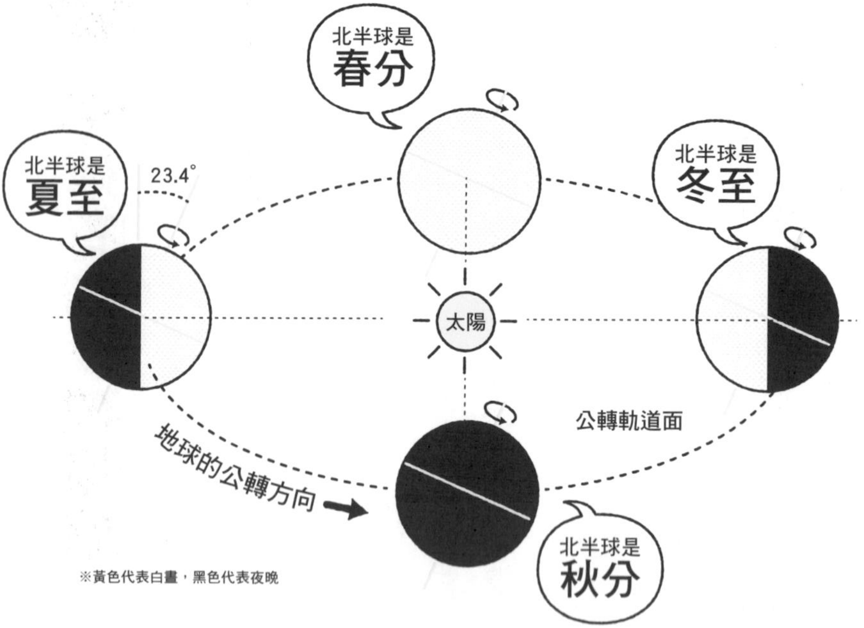

移動路徑會從偏北移往偏南，到春分和秋分時，就變成從正東方朝正西方的路徑。

如果地軸和公轉軌道面（黃道面）垂直，太陽會一直在赤道正上方，季節的變化也會消失。反過來說，如果地軸和公轉軌道面平行，會產生白晝極長的夏季和夜晚極長的冬季，季節的變化也會更劇烈。多虧這23點4度的傾斜，讓季節的變化能夠恰到好處。

為何赤道附近炎熱　南極和北極卻寒冷

赤道附近炎熱，南北極寒冷的原因，是在於太陽高度角。在

夏至

冬至

春分、秋分

台灣，夏季的太陽高度角大，冬季的角度則小。太陽高度角一大，地表吸收太陽能量的效率就會好。這又是為什麼呢？

太陽高度角變大，代表地平線和太陽形成的仰角大，也就是更接近垂直。反過來說，如果高度角變小，則更接近平行。

至於太陽高度角和太陽能量有何關聯，只要拿手電筒照地面，就能一目瞭然。用手電筒從正上方照地面時，照到的部分會形成很亮的圓形，但換成從低位置斜照地面時，照到的部分會形成橢圓形，面積變大，亮度卻變暗。也就是說，當用等量的光照射時，如果是從正上方照，每單位面積吸收到的光能會更多。

太陽的能量

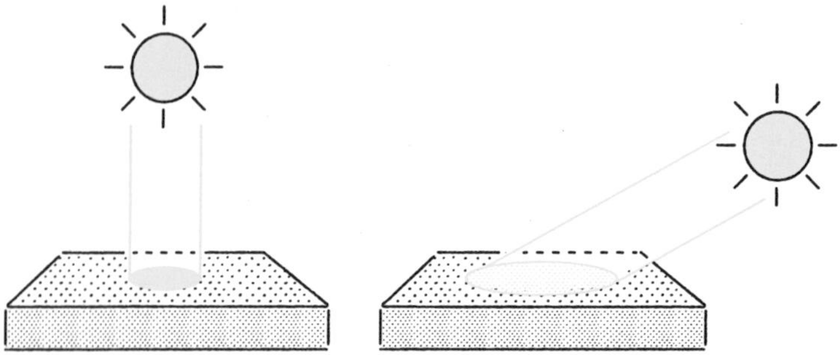

只要看剛才那張太陽在四季如何移動的示意圖，就會知道赤道一整年的太陽高度角都很大。但反觀北極點，卻只有從春分經夏至，再到秋分的這段期間，太陽才會出現，而且就算在夏至，太陽高度角也很小（如果是南極點，則是從秋分經冬至，再到春分的期間）。北極點的夏至太陽高度角是23點4度，東京的冬至正午太陽高度角（譯註：太陽在正午升到最高點時的仰角）卻是31度。由此可知，北極點的夏至太陽高度角，甚至比東京冬至時的還小。光從這一點來看，就能知道和赤道一帶相比，南北極從太陽接收到的能量實在很少。

另一方面，地球不但從太陽吸收能量，也會向宇宙釋放等量的能量。地球的能量會從地球各地持續釋放，即使在夜間也依然持續。赤道附近吸收到的太陽能，超出地球釋放到宇宙的量，而南北極則正好相反。

照理來說，赤道附近應該會越來越熱，南北極則越來越冷。但事實上，南北極並沒有一年比一年冷，赤道也不會一昧地變熱。這是因為大氣和海洋不斷循環，讓地球上分布不均的熱能得以均勻分散。

3 環繞地球的大型風帶

大氣會不斷循環 讓熱能均勻分布

照理來說，吸收到的太陽能的量差，應該會導致赤道附近越來越熱，南北極越來越冷才對，但由於大氣和海洋不斷循環，讓這種狀況不會在現實中發生。

用爐子加熱味噌湯時，能觀察到沸騰的湯汁由下而上不斷循環的現象，這稱為對流。地球上也會出現同樣的現象。暖空氣上升，冷空氣下沉。在赤道附近產生上升氣流的區域，稱為「赤道低壓帶」。

大氣在赤道附近上升，移動到緯度較高的地方再下沉。下沉處稱為「亞熱帶高壓帶」。赤道低壓帶和亞熱帶高壓帶之間的氣流循環稱為「哈德里環流圈」。

南北極附近的大氣很冷，會下沉。下沉的大氣會流動到緯度較低處再上升，稱為「極地環流」。

此外，夾在哈德里環流圈和極地渦旋之間的中緯度地帶，也有名為費雷爾環流的大型風帶。

上空會吹東風和西風

在赤道上升的空氣，原本應朝著正北方或正南方流動，但因為受到地球自轉影響，風向有些歪斜，成為東風（從東方吹來的風）。在赤道附近上空吹拂的東風，稱為「信風帶」或「貿易風」。

費雷爾環流經過的地方，也會因為相同的理由吹西風，稱為「西風帶」，其中風速特別強的風又稱為「噴射氣流」。西風帶和噴射氣流會像蛇一樣蜿蜒而行。隨著蛇行的幅度大小，有時會產生異常氣候。

南北極附近會吹東風。這裡的東風稱為「極地東風帶」。

有些地區多雨，有些地區乾旱的原因

地球上有些地方雨量豐沛，有些地方卻幾乎不下雨。之所以出現這種差異，其中一個原因就是大氣環流。雖然之後我會再做更詳細的解釋，不過簡單來說，就是氣流上升處會成雲致雨，下沉處則無雲無雨。赤道低壓帶會產生上升氣流，所以會有雲，也經常降雨，但緯度比赤道略高的亞熱帶高壓帶，卻因為產生下沉氣流而無法產生雲，也幾乎不降雨。撒哈拉沙漠常給人酷熱的印象，但這個沙漠並非位在赤道正下方，而是在緯度更高一點的地方。明明緯度較高，氣溫卻比赤道熱，原因就出在乾旱。

除此之外，颱風和溫帶氣旋的移動，也受到信風帶和西風帶很大的影響。由此可知，大氣環流跟當地的氣候和天氣之間，有著密不可分的關係。

所有天氣的變化都是在對流層出現

將地球的大氣層從最靠近地表的往上排，依序是「對流層」、「平流層」、「中氣層」、「增溫層」。這四層是依據氣溫變化的狀態所區分。就如同爬山時爬越高會越冷一樣，對流層也是越往上，氣溫越低。到平流層時，變成越往上，氣溫越高。到中氣層時，又變成越往上，溫度越低。到增溫層時，再次變回越往上，溫度越高。幾乎所有雲系，都在高度約十公里的對流層形成。有了雲後，雨和雪等現象也會出現。至於飛機的飛行高度，通常比對流層和平流層的交界線再更低一點。

環繞地球的風帶

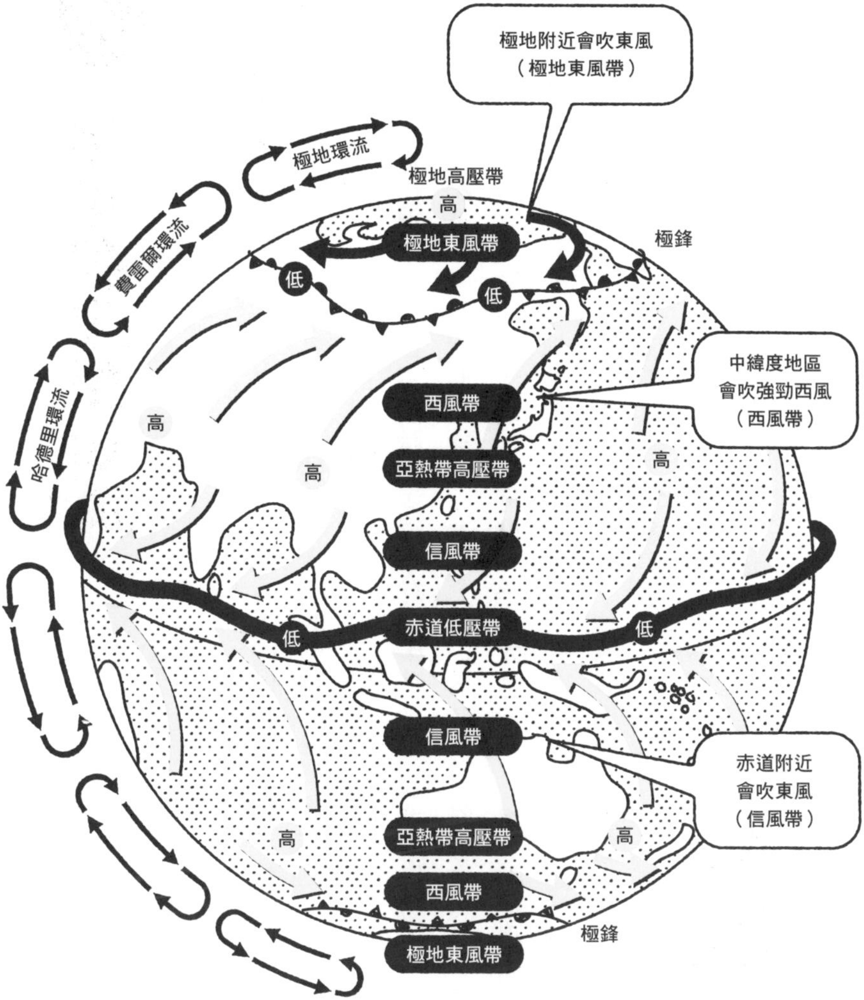

這是地球風帶的分布情況，統稱「大氣環流」。

出處：《氣象圖鑑（暫譯）》筆保弘德（著、監修）、岩槻秀明、今井明子（著）、技術評論社出版

4

海洋的大型環流

海水會在海洋中不斷循環運送熱能

地球上不只大氣會循環，海洋中的海水也一樣會循環。

赤道附近的海基本上是溫暖的，南北極附近的海基本上是冰冷的，所以海水為了達到均溫，就會產生對流，也就是洋流（表層洋流）。表層洋流大多出現在距離海面約500～1000公尺，深度相對較淺的區域。

表層洋流的主要路徑型態，是名為「環流」的巨大圓形。這是由海上的風，大陸的形狀和地球的自轉所造成的。環流在北半球是順時針迴轉，在南半球則是逆時針迴轉。

海面的凹凸也是決定洋流路徑的關鍵。聽到水面有凹凸，各位可能會感到意外，但事實上水面不只會因為潮浪產生凹凸，水位也會隨著區域產生差異。舉個有名的例子，像是當初興建連結太平洋和大西洋的巴拿馬運河時，太平洋和大西洋的水位落差，就曾是工程延宕的原因之一。

洋流對沿岸地區的氣候也會造成影響。一般來說，低緯度通常較為炎熱，高緯度通常較為寒冷，但如果附近有暖流經過，即使是高緯度地區，氣候也會變得相對溫暖。

流動方式有別於表層的深層洋流

既然有表層洋流，當然也有

海洋的深層循環

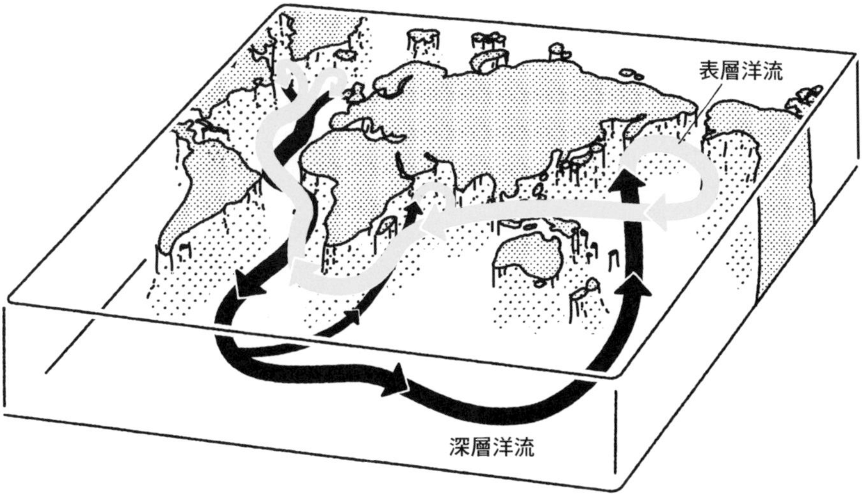

出處：《圖解學習　地理和地科圖鑑（暫譯）》柴山元彥・中川昭男（監修）、東辻千枝子（譯）、創元社出版

深層洋流。海水不只在海洋表面迴轉循環，上下層也會交互循環。

海水的重量，會隨著鹽分濃度和水溫改變，鹽分濃度高又冰冷的海水會變重，鹽分濃度低又溫暖的海水則會變輕。高緯度的海水較重，會沉到海底。這些海水形成深層洋流，緩慢移動，等到了某處後，又會再次上升。根據專家推測，深層洋流是以將近1500年為週期，進行緩慢的循環。

海洋的表層洋流

東格陵蘭洋流
北大西洋洋流
加那利洋流
北大西洋
亞熱帶環流
北赤道洋流
赤道逆流
南赤道洋流
巴西洋流
本吉拉洋流
南大西洋亞熱帶環流
阿古拉斯洋流
北赤道洋流
南赤道洋流
赤道逆流
印度洋亞熱帶環流
南極環流

出處《地球暖化的原理與不確定性（暫譯）》
公益社團法人日本氣象學會地球環境問題委員會（編撰）、朝倉書店出版。

COLUMN

以「階梯」克服水位差距的巴拿馬運河

巴拿馬運河於1914年開通，連接太平洋和大西洋。1869年，連接地中海和紅海的蘇伊士運河開通，從歐洲開往亞洲的船隻從此不必再繞過南非。這讓眾人也開始期盼巴拿馬運河的開通，能讓船隻也不必再繞過南美洲，直接從大西洋通往太平洋。

然而，跟蘇伊士運河相比，巴拿馬運河的工程可說是處處受阻。蘇伊士運河的周圍是沙漠，地形起伏也少，要挖掘相對容易，但巴拿馬運河的河道要穿過內陸，又碰上低矮的山，要直線挖掘本屬不易，再加上太平洋和大西洋的水位也有差距，使工程更是困難重重。

當時巴拿馬運河採取的解決辦法，是讓船隻以類似上下階梯的方式通過。設計者以多座閘門將運河分段隔開，再逐一打開閘門，等水位達成一致後，再讓船隻通過。

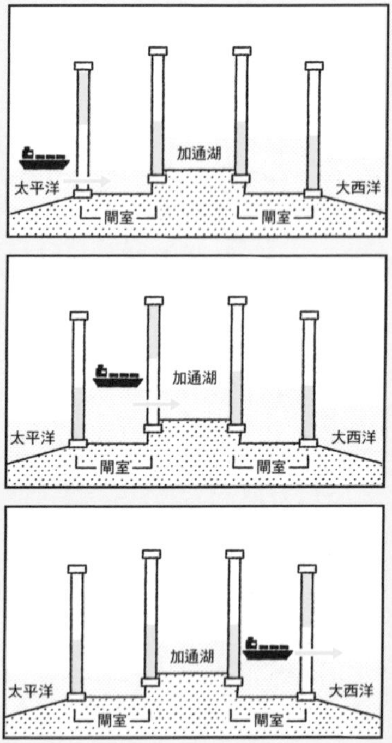

第 2 章

氣象的基礎知識

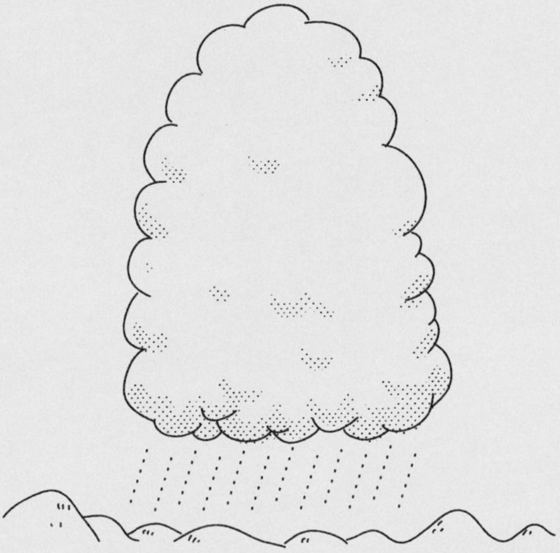

在說明世界各地的氣候前，我要先講解氣象的基礎知識，
比如為何會下雨，什麼是高氣壓和低氣壓等等。
所謂的氣象，指的是大氣的狀態，以及各種大氣現象。

1

形成氣象基礎的水循環

水會改變型態　在地球上循環

地球被稱為水的行星。因為有水，生物才得以存在。雖然地球上的水幾乎是海水，不過陸地上有河川和湖泊，大氣中也有水蒸氣。水會改變型態，在地球上循環，而過程中會引發大氣現象，也就是氣象。

首先，海水會蒸發成水蒸氣，成為大氣的一部份。這些水蒸氣會因上升氣流變回水，形成雲。

雲會隨風移動，降下雨水。如果雨水降在陸地上，會從山上流入平地，形成河川，最後再次注入海洋。此外，雨水也會蓄積在陸地上，形成湖泊。在寒冷的地帶，降雪會取代降雨。等天氣變暖，雪就會融化，同樣形成河川，注入海洋。

雨和雪落在陸地上時，如果滲入地下，就會形成地下水。如果地下水從某處湧出地面，就會成為泉水，但如果沒成為泉水，就會通過地下，流向海洋。

水的循環

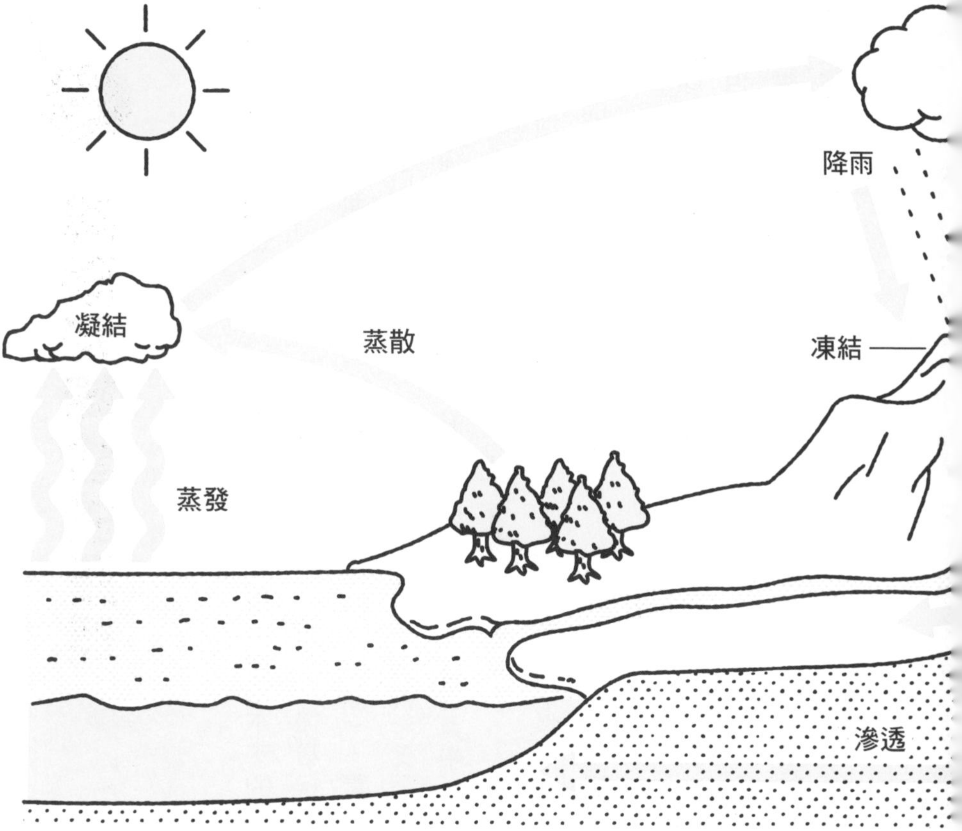

另外，土壤裡的水分會被植物吸上來，以水蒸氣的形式釋放到空氣中。這過程稱為「蒸散」。

如果是像南極一樣嚴寒的地方，雪會無法融化，只能不斷堆積，向下輾壓，最後壓成厚實的冰層（冰蓋）。此外，在寒冷的地區，冰河會取代河流，以冰的型態緩緩推進到海洋。冰蓋和冰河崩塌後的碎冰流到海裡，就稱為冰山，會逐漸融化在海水中。

地球上的水就如前面所述，在水蒸氣和冰之間不斷轉換型態，進行循環。

2

降雨和降雪的原理

雲是由小水滴所構成

接下來，我會針對雲形成的過程，做更詳細的說明。雲是由水和冰的微粒組成。由於飄在空氣中，容易讓人誤以為是水蒸氣。然而水蒸氣是無色透明的氣體，水和冰的微粒看起來才是白的。

空氣暖熱時，能容納大量的水蒸氣，但如果變冷，能容納的水蒸氣會變少。當靠近地面的暖空氣因某種理由上升時，溫度會下降，於是空氣中容納不下的水蒸氣，就會化為水的微粒（雲滴）和冰的微粒（冰晶）。雲滴和冰晶原本就很小很輕，又因上升氣流而得以懸浮在空氣中，所以雲才會飄浮在空中。

在雲滴和冰晶的正中央，有個相當於核心的部分，稱為凝結核。懸浮於空氣中的塵埃會成為凝結核，凝聚周圍的水蒸氣，形成雲滴和冰晶。除了塵埃外，海水的鹽粒、塵土、工廠排放的煙、排氣管的廢氣、花粉等物質也能成為凝結核，種類非常多樣。

雨和雪的真面目就是變大的雲滴

雲滴會吸收周圍的水蒸氣，逐漸變大。雲滴變大後，會因為重力大於上升氣流的推力而落下。大雲滴落下時，會和其他小雲滴結合，變得更大，落到地面上就成了雨滴。

另一方面，冰晶也會在雲裡

雨滴形成的原理

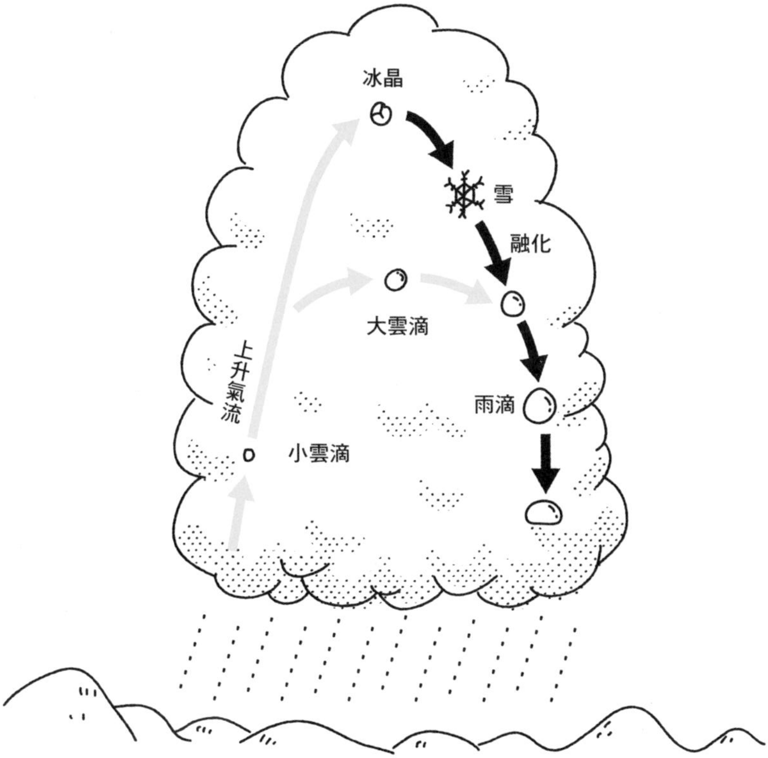

出處：《牛頓式超圖解　最強最有趣！！　天氣（暫譯）》荒木健太郎（監修）、牛頓雜誌出版

慢慢成長、變大。冰晶吸收周圍的水蒸氣，逐漸變成六邊形或樹枝狀，落到地面上就成了雪。如果冰晶周圍有雲滴附著，長成圓粒，就成了冰霰。當地面附近的溫度低時，雲滴會變成雪和冰霰落下，要是溫度高，則會在途中融化成雨。

3

帶來災害的積雨雲

積雨雲是災害的大集合

說到氣象，就不能不提到積雨雲。積雨雲是一種高聳的雲，不但會如別名「雷雨雲」一樣打雷下大雨，也會引發龍捲風等陣風。說起積雨雲，在大多數人的印象裡，都是會在日本的夏季出現，外型蓬鬆綿軟，會帶來午後雷陣雨的雲，但其實為日本帶來大雪的也是積雨雲。就連颱風和溫帶氣旋的冷鋒，也是由積雨雲組成的。總之，積雨雲是引發各種氣象災害的原因。

強勁的上升氣流會產生積雨雲

積雨雲是強勁的上升氣流因某種理由產生的。由於雲層高聳，從雲上方到地面的距離很長，導致雲滴和冰晶容易成長，所以積雨雲降下的雨滴大致上都偏大。

雖然積雨雲是由強勁的上升氣流所產生，但雲層中又會逐漸形成下沉氣流。這是因為冰晶融化或雲滴蒸散時，會吸走周圍的熱能，產生冷空氣，而冷空氣又較重，就形成下沉氣流。不僅如此，雨滴落下時還會把周圍的空氣往下拉，使下沉氣流越來越強，跟促進積雨雲發展的上升氣流互相抵消。上升氣流一旦變弱，積雨雲就會萎縮，雨勢也跟著停止。午後雷陣雨大都只下三十分鐘到一小時，是因為一朵積雨雲的壽命也不過就這麼長。但偶爾也會發生大雨連下數小時的

積雨雲的一生

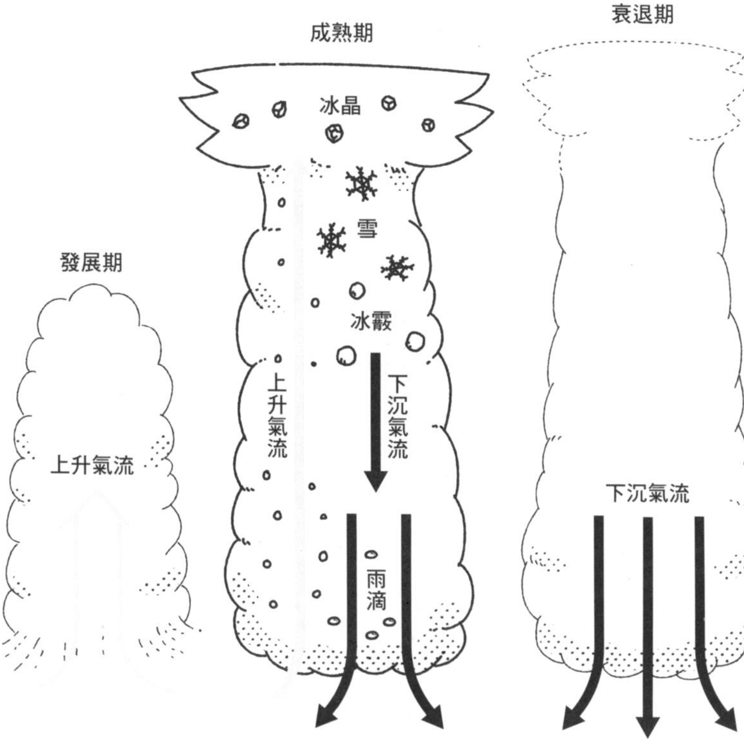

情況。這種雨稱為豪雨，是積雨雲世代交替時會產生的現象。

雷電和冰雹是如何產生的？

積雨雲產生後，會出現打雷和閃電。雷電其實是一種電流，而引發電流的則是構成雲的冰晶和冰霰。冰晶和冰霰互相碰撞，就會產生電流。當雲的內部或雲和地面間產生巨大的電壓時，電流會在空氣中流動，以消除這種狀態。雖然空氣本身是不易導電的物質，但在電壓極高時，仍會有電流瞬間流動。當電流通過雲層和地面之間，就成了落雷。

積雨雲有時會降下冰雹。積

冰霰和冰雹的形成過程

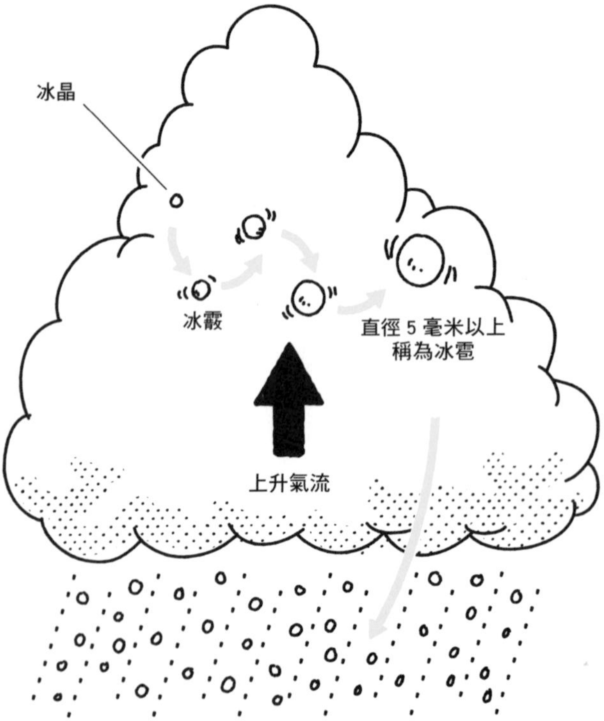

冰晶會越來越大，成為冰霰或冰雹

雨雲的上方由冰晶組成，周圍的水滴會附著在冰晶上，形成圓形冰粒，也就是冰霰。但如果上升氣流強勁，冰霰就無法直接落下，而是再次上升，長時間飄浮在雲層中。這樣一來，周圍的水微粒會大量吸附在冰霰上，導致體積越來越大。直徑超過5毫米的冰霰，稱為冰雹，有些甚至和排球差不多大。冰雹一旦落下，會打穿植物的葉片，砸破車頂或屋頂，是非常棘手的災害。

4 霧是如何形成的？

雲接觸到地面就稱為「霧」

看到雲朵飄浮在天空時，應該有很多人會想像「乘著雲應該會很舒暢」、「雲的觸感應該很蓬鬆柔軟」吧。

但其實很多人都摸過雲。這是因為只要走在霧中，就等於碰觸到雲。所謂的霧，其實就是地面接觸的雲，證據就是當我們爬上有雲繚繞的山，四周會逐漸被霧氣包圍。此外，如果從周圍的高處俯瞰起霧的地方，看起來會像雲海。

起霧的原因不只一種

霧和雲一樣，是暖空氣冷卻形成的。空氣一變冷，水蒸氣就會凝結成水，化為霧氣。至於起霧的原因，有以下幾種類型。

「輻射霧」是發生「輻射冷卻」時形成的霧。所謂的輻射冷卻，是指在晴朗少風的夜間，地球會把能量釋放到宇宙中，導致熱能被奪走，地表附近變冷的現象。地面一旦變冷，接觸地面的空氣也跟著變冷，空氣中的水蒸氣會凝成水，化為霧。等太陽升起，地面升溫後，輻射霧會逐漸散去。從夜晚到清晨的這段時間，在地表附近容易蓄積冷空氣的盆地裡，經常會出現輻射霧。

「平流霧」是暖空氣移動到涼冷的陸地或海面上時產生的霧。海霧大部分都屬於這種類型，而且容易出現持續時間較長的濃霧。

起霧的原因

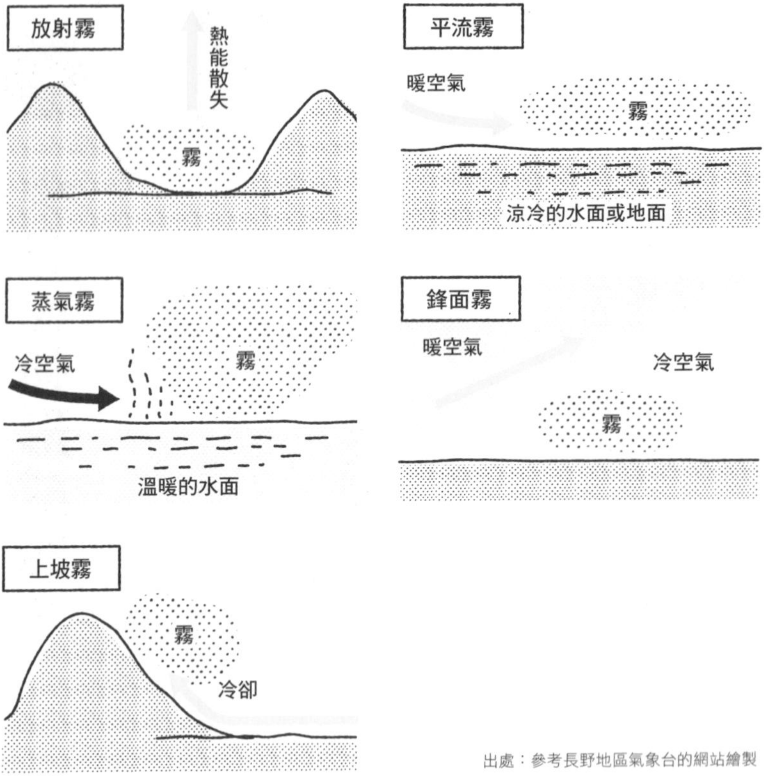

出處：參考長野地區氣象台的網站繪製

反過來說，如果是冷空氣流動到溫暖的水面，水面蒸發的水蒸氣會凝結成霧，稱為「蒸氣霧」。泡露天溫泉時冒出的白煙，就是這樣形成的。在冬季的河川、湖泊和海洋的水面上，會經常看到像熱水冒白煙的霧，那大多是蒸氣霧。

「鋒面霧」是溫帶氣旋的暖鋒降下溫暖的雨水，蒸發後又被暖空氣下方的冷空氣冷卻而成的霧。

至於「上坡霧」，是濕空氣爬上山坡時降溫而成的霧。在山中是霧，從山下看就成了雲。

5 高氣壓和低氣壓是什麼？

關鍵在於氣壓和周圍相比是較高還是較低

在天氣預報中，常出現「高氣壓」和「低氣壓」這兩個名詞。所謂的氣壓，是指空氣的壓力。氣壓越高，空氣的壓力就越強，氣壓越低，壓力就越弱。氣壓的單位是hPa（百帕），不過並沒有「低於○○百帕就是低氣壓」之類的明確標準。只要氣壓比周圍高就是高氣壓，比周圍低就是低氣壓。

那高氣壓和低氣壓又是如何形成的？

如果有個地方的氣溫低，空氣會體積就會縮小，密度也會增大。空氣縮小多少，就有多少空氣從上空流進來填補，讓地面到上空之間的空氣總重變得比周圍大。這樣一來，空氣對地面施加的壓力也會增強，成為高氣壓。

反過來說，在氣溫比周圍高的地方，空氣會體積膨脹，密度縮小，讓地面到上空之間的空氣總重變輕。這樣一來，空氣對地面施加的壓力也會減弱，成為低氣壓。

高氣壓內部會產生下沉氣流，低氣壓內部會產生上升氣流。高氣壓內的下沉氣流因為無法鑽進地面，會在地表附近往四周輻散。另一方面，在低氣壓所在之處，風會從四周吹進內部，再往上爬升。

空氣在低氣壓中爬升時，越接近上空溫度越低，空氣中的水蒸氣會變成水或冰，凝結成雲。有低氣壓的地方容易起霧或下

高氣壓和低氣壓

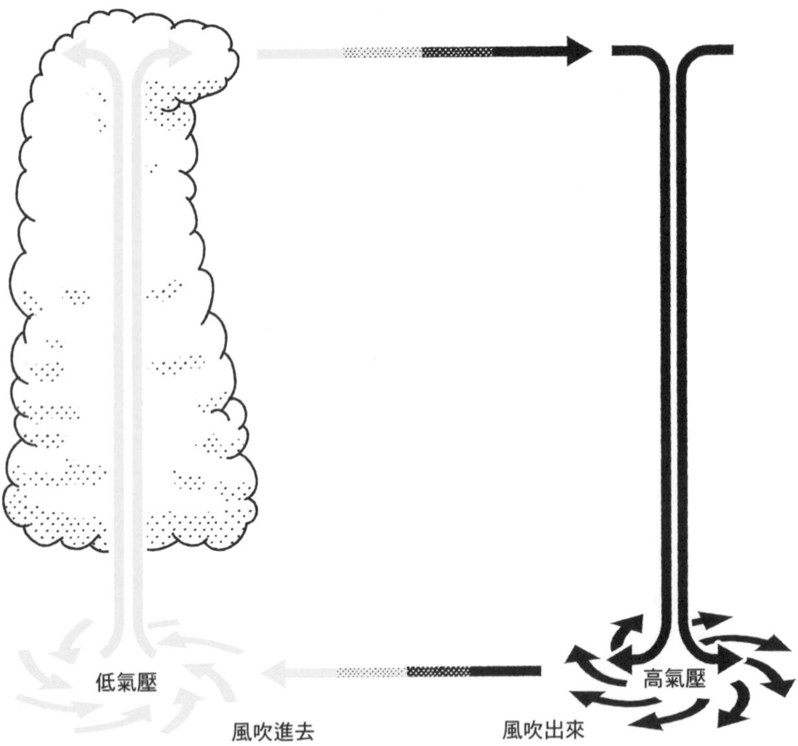

雨，就是因為上升氣流的關係。另一方面，有高氣壓的地方會產生下沉氣流，讓溫度逐漸升高，因此很少有雲，容易出現晴天。

在本書的第一章中，曾提過地球有大型的風帶。赤道附近容易被太陽曬熱，所以經常出現上升氣流，導致雲頻繁產生，時常降雨。至於緯度比赤道稍高的地方，由於在熱帶上升的氣流會在此處下沉，導致雲難以形成，容易乾旱。

COLUMN

南半球和北半球的颱風，為何旋轉方向不同？

地球的風受自轉影響，風向都有些歪斜。比如說，在本書第19頁的大氣環流圖中，赤道的風本來應該朝著赤道垂直吹送，但後來方向有點偏移，變成從東往西吹（信風帶）。颱風（熱帶氣旋）和溫帶氣旋的風向也一樣，吹進低氣壓的風會變成漩渦狀。北半球的低氣壓是逆時針旋轉，南半球是順時針旋轉。在右邊的照片中，出現南北半球同時產生熱帶氣旋的罕見現象，稱為「雙生氣旋（Twin Cyclone）」。由此可知，南北半球的旋轉方向是相反的。高氣壓的風向和低氣壓則正好相反，在北半球是順時針旋轉，在南半球是逆時針旋轉。

順帶一提，龍捲風的漩渦因為直徑小，受離心力的影響大過地球的自轉力，所以就算在北半球，順時針轉和逆時針轉的情形都會出現。

出處：氣象廳網站

第3章

地形和氣象的密切關係

世界各地的氣候和氣象，都跟地形息息相關。
在這一章裡，我會詳細解說地形和氣象的關聯。

1 海風和陸風

海邊的晝夜風向不同

去海邊時，我們能感受到海風吹拂，但海岸的風其實會隨著晝夜變換風向。

白晝是從海面吹向陸地的「海風」，夜晚是從陸地吹向海面的「陸風」。清晨和傍晚的風，會在風向轉換時暫停。這種現象在日文裡叫做「凪(nagi)」，清晨的叫朝凪，傍晚的叫夕凪。

為何晝夜風向會不同？這是因為海水和陸地的溫度升降速度不同。海水的特性就是溫度上升得比陸地慢，下降得也比陸地慢。

白天時，陽光讓地面開始升溫，但陸地的溫度升得比較快，讓海面的溫度相對較低。於是陸地上形成低氣壓，海面上形成高氣壓，風從海面的高壓吹向陸地的低壓，成為海風。

到了晚上，情況和白天正好相反。陸地冷卻速度快，產生高氣壓，海面卻因為冷卻速度慢，形成低氣壓，於是風從陸地吹向海洋，成為陸風。

海風和陸風的吹拂範圍的高度，大約是數百公尺。在風速方面，海風大約每秒5公尺，陸風大約每秒2～3公尺，不過也有海風能從海岸一路吹到數十公里外的內陸。由於海風和陸風的規模，通常比從低氣壓吹出的風要小，所以當低氣壓接近時，海風和陸風就變得不明顯。還有在多雲的陰天，陸地和海面的溫差變小，海風和陸風也一樣不明顯。

海風和陸風形成的原理

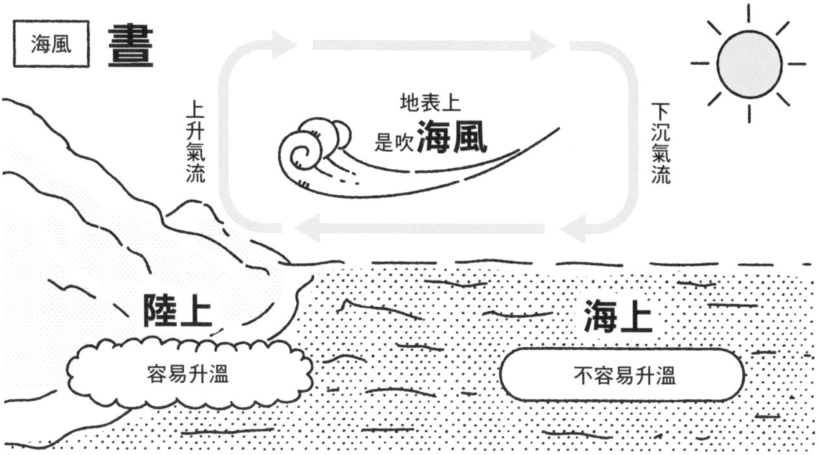
海風
晝
上升氣流
地表上
是吹海風
下沉氣流
陸上
容易升溫
海上
不容易升溫

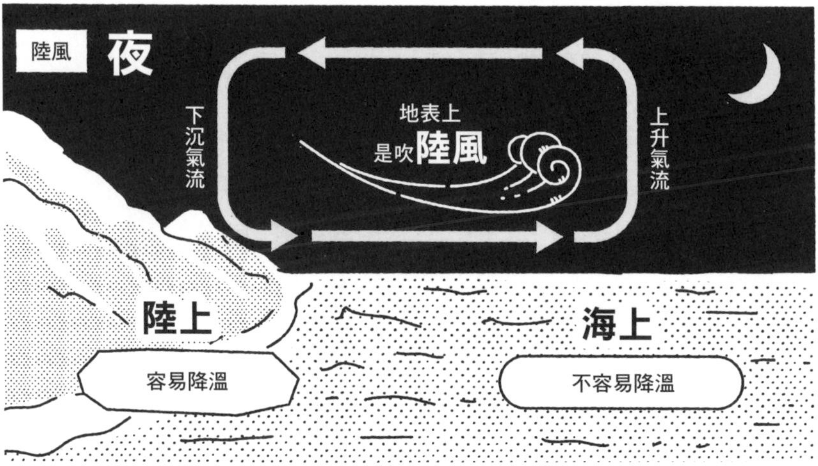
陸風
夜
下沉氣流
地表上
是吹陸風
上升氣流
陸上
容易降溫
海上
不容易降溫

2 山風和谷風

在山區吹拂的山風和谷風

晝夜風向不同的地方，並不只有海邊。在山區也有「山風」和「谷風」之分。白天是從谷底吹上山頂的谷風，夜晚是從山頂吹下谷底的山風。

為何白天吹的是谷風？白天時，陽光照射地面，山頂和山谷的地面都升溫，接觸地面的空氣也跟著變熱，開始陸續上升。這股暖空氣沿著山坡往上衝。當空氣上升後，周圍上空的空氣會降到谷底，填補山谷的空氣，於是產生如履帶般沿著山壁爬升的空氣循環。

夜晚的山風則正好相反。夜間會出現輻射冷卻，使地面不斷降溫，地表附近的空氣也跟著變冷。由於冷空氣較重，山頂附近的空氣會沿著山坡往谷底沉降，產生山風。山風形成的空氣循環，就像跟谷風方向相反的履帶。

順帶一提，谷風又稱為「上坡風（Anabatic Wind）」或「滑昇風」，山風又稱為「下坡風（Katabatic Wind）」或「滑降風」。

山風和谷風的原理

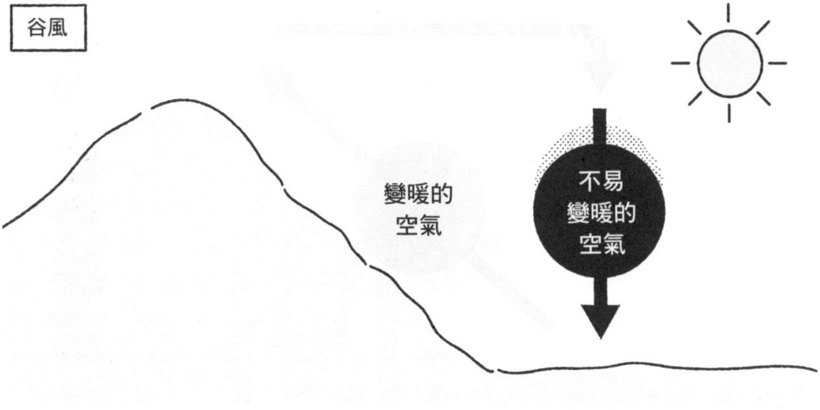
谷風
變暖的
空氣
不易
變暖的
空氣

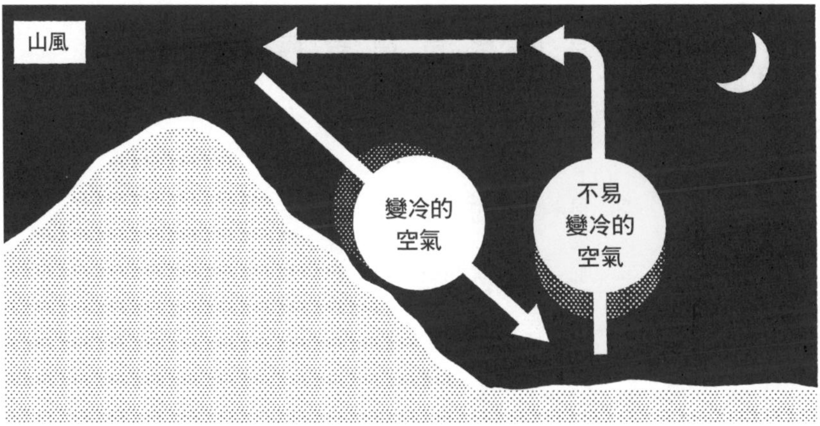
山風
變冷的
空氣
不易
變冷的
空氣

3

為何會有季風？

季風是大規模的海風和陸風

所謂的季風，就是風向會隨著季節換變的風，英文叫「Monsoon」。世界各地都有季風，但在亞洲特別明顯。當聽到季風時，第一個想到的應該是冬季的寒冷季風吧。季風形成的原理，其實跟海風和陸風一樣。季風就是在大陸和太平洋、印度洋之間，也就是在陸地和海洋間形成的大型海陸風。

日本位於歐亞大陸和太平洋之間。夏季時，歐亞大陸比海洋容易升溫，所以氣溫相對低的海面形成高氣壓，氣溫較高的歐亞大陸形成低氣壓。這就是「南高北低的氣壓分布型」。此時會出現從海上吹向歐亞大陸的偏南季風。也正是這陣季風，為台灣帶來梅雨和酷暑。

但另一方面，冬季的歐亞大陸十分嚴寒，海水溫度卻不會降得那麼低，於是歐亞大陸的西伯利亞一帶形成高氣壓，溫度相對較高的太平洋則形成低氣壓。這就是天氣預報中常提到的「西高東低的氣壓分布型」。此時會出現吹向太平洋的的西北季風。讓日本臨日本海側地區降下大雪的，就是西北季風。

關於季風，最為人熟知的就是季風為東南亞和印度帶來的雨季。英文的「Monsoon」在某些地區，甚至被當成雨季的代名詞來使用。

亞洲的季風和對氣候的影響

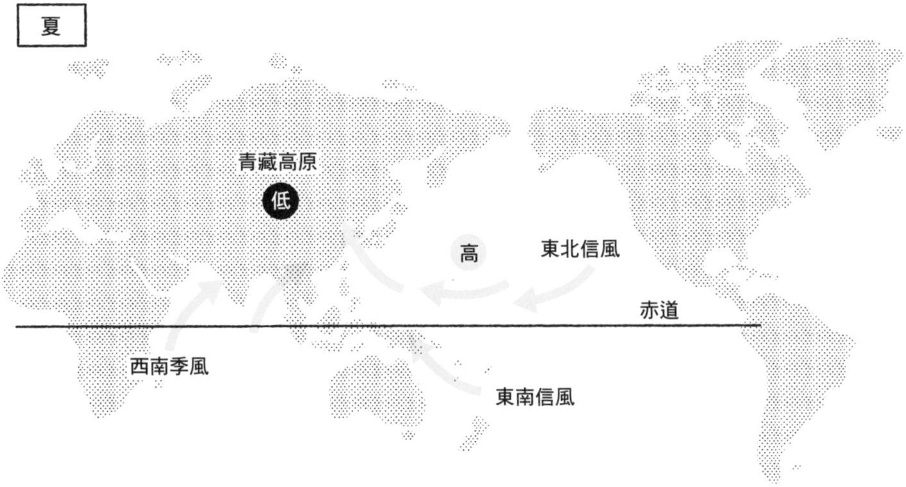

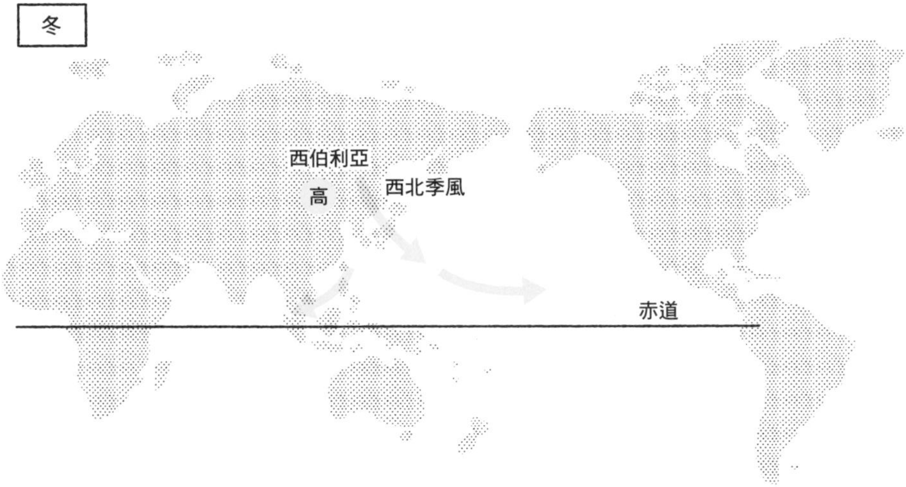

出處：《氣象圖鑑（暫譯）》筆保弘德（著、監修）、 岩槻秀明 、今井明子（著）、技術評論社出版

4 帶來酷暑的焚風現象

越過山的風帶來酷暑

日本曾有過颱風剛走，氣溫就立刻飆破攝氏35度的紀錄。創下這種高溫紀錄的原因之一，就是「焚風現象」。

所謂的焚風現象，是指風越過山頂，從山上往下吹時，會讓下風處變高溫的現象。

較廣為人知的焚風是「濕焚風」，學校裡也有教。這是濕空氣往上升，在山頂附近降雨變乾後，乾燥的風再往下吹向背風面的現象。

空氣越往上升，溫度就越低，越往下降，溫度就越高。但濕空氣的溫度變化，要比乾空氣來得和緩。這是因為空氣中的水蒸氣變成水時，會把熱能釋放到四周（反過來說，當水蒸發成水蒸氣時，會從四周吸走熱能。這就是身體弄濕時，如果不擦乾會發冷的原因）。

濕空氣一邊上升，一邊緩慢降溫，在山頂附近降雨變乾後，又一邊急速升溫，一邊下沉。這就是所謂的濕焚風現象。

其實乾焚風現象才是主流

除此之外，還有一種較鮮為人知的「乾焚風現象」。這是上空的乾空氣沿山坡下降，在山麓上變高溫的現象。由於不是地面附近的風越過山往下吹，而是上空的風因各種因素被迫吹往下風處，所以只有下風處的氣溫升高。

最近的研究發現，焚風現象幾乎都是乾焚風，濕焚風的佔比還不到百分之一。常見於教科書上的濕焚風現象，其實出現的機率意外地低。除了這兩種外，也有乾濕兩種焚風混合的類型。

濕焚風現象的原理

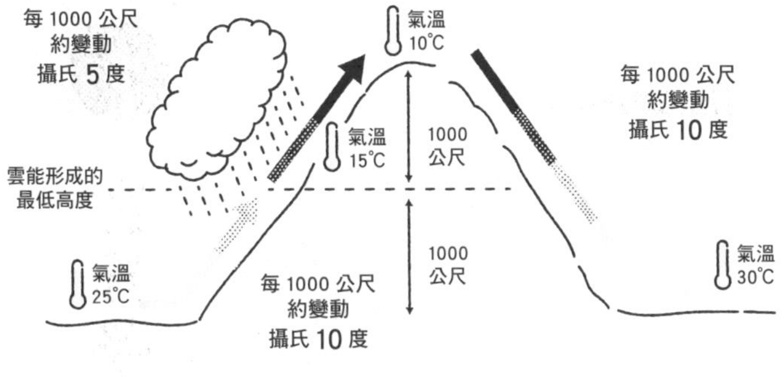

乾焚風現象的原理

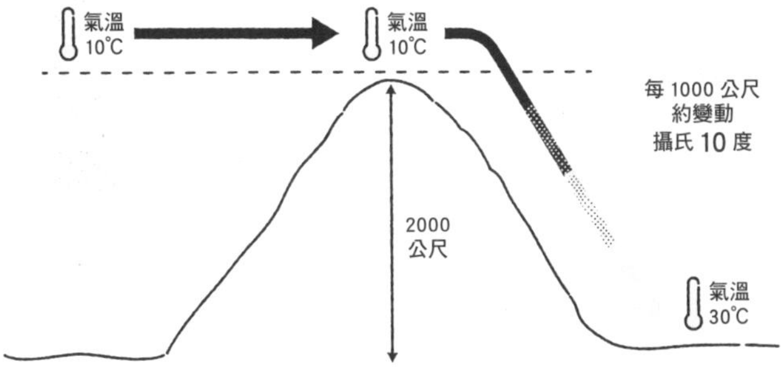

也有越過山後變冷的風

在焚風現象中，風越過山後會變熱往下吹，但有些越過山的風，卻會讓背風面溫度降低。這種風叫做「布拉風（Bora）」。在日本各地常有被稱為「〇〇下風」「〇〇出風」的冷風，這些都屬於布拉風。當冷空氣沿著山坡往下吹時，雖然溫度會隨著高度下降而升高，但由於風的溫度在越過山之前，就已經非常低了，所以當這些寒風吹下山時，反而會讓下風處的山麓氣溫下降。

5 世界各地的地方風

地方風是地方特有的風

在世界上，有一些應地形而生，為當地獨有的特殊強風。這些風主導當地的氣候，被稱為地方風。

之前提過的焚風現象，英文是「Foehn」，原本是瑞士的地方風的名字。至於「布拉（Bora）」，則是義大利半島和巴爾幹半島之間的亞得里亞海東岸的地方風。

地方風有各式各樣的類型，

世界主要的地方風

風的名稱	出現地區	特徵
密史脫拉風	法國	從法國東南部的隆河沿岸吹向地中海，是風向偏北的乾燥風。
西洛可風	義大利	從撒哈拉沙漠越過地中海，吹向義大利。在北非時是乾風，但通過地中海後濕度變大，到歐洲就變成伴隨雨霧的風。
欽諾克風（奇努克風）	北美洲	沿洛磯山脈東側山麓往下吹送的焚風。由於非常乾燥又強勁，會讓雪瞬間消融，所以又稱為「Snow Eater（融雪風）」。
聖塔安娜風	北美洲	吹拂洛杉磯盆地的東北風和東風，高溫乾燥，常伴隨著來自沙漠的沙塵，也是造成森林火災的原因之一。
暴風雪	北美／南極	伴隨著寒氣和飛雪的強風，能見度很低。

日本主要的地方風

風的名稱	出現地區	特徵
山背風	北海道／東北地區／關東地區臨太平洋側	在夏季出現的寒冷東北風，長期吹拂會造成冷害。
寶風	東北地區臨日本海側	山背風越過奧羽山脈後形成的焚風，高溫乾燥，為稻米的栽培提供良好條件。
空風	關東地區	冬季的西北季風越過山後，變成乾燥的風往下吹。
清川出風	山形縣	日本三大地方風之一，出現在山形縣庄內地區的清川附近，是強勁的東南風。因為伴隨焚風現象，常造成稻作歉收或火災。
山風	愛媛縣	日本三大地方風之一。主要出現在春秋兩季，伴隨著明顯的焚風現象。風速最高紀錄曾超過每秒60公尺，有時甚至會吹倒電塔。
廣戶風	岡山縣	出現在岡山縣那岐山山麓的強風。當上風處有颱風或旺盛的低氣壓時，就容易產生。據說那岐山一旦出現形似麵包捲，稱為「風枕」的雲，就是廣戶風要吹起的前兆。名列日本三大地方風之一。
井波風	富山縣	主要出現在春秋兩季，朝日本海海岸吹下，為焚風型東南風。
六甲下風	兵庫縣	因阪神虎隊的隊歌而廣人為知，是冬季時越過六甲山，朝海岸側吹下的冰冷北風。對神戶市灘區的釀酒過程貢獻良多。
肱川暴風	愛媛縣	伴隨著霧氣的地方風。在大洲盆地產生的霧，會乘著冷風沿肱川而下，一路流向大海。

不過基本上大多是強風都是越過山所形成的，所以當山的迎風面有高氣壓，背風面有低氣壓，或是颱風從上風處往下風處移動時，就容易產生地方風。

地方風大致上分為兩種，一種是風吹時會升溫的「焚風型」，一種是會降溫的「布拉風型」。此外，地方風有時會受地形影響，先在迎風面加速，再往下吹向背風面。

6 都市的氣候

冷熱溫差大，是因為空氣容易停滯

世界上的都市，大多位於沿海或盆地。在日本，盆地都市的代表是京都。京都夏季酷熱難耐，冬季嚴寒徹骨，積雪也是常有的事。也多虧如此，讓京都四季分明，每個季節都有獨一無二的美。像京都這樣全年溫差劇烈，正是盆地氣候的典型特徵。

為何盆地的冷熱差距會這麼大呢？首先來說明冬季嚴寒的原因。冬季時，如果天氣晴朗，風勢又微弱，就會產生輻射冷卻。尤其是盆地周圍有群山阻擋，讓風勢更弱，更容易產生輻射冷卻。地面一冰冷，接觸地面的空氣也會變冷。如果是盆地，冷空氣就無法向外流動，容易蓄積在盆地底部，所以盆地的冬季才會這麼冷，加上輻射冷卻的效應，也容易產生輻射霧。

不過到夏天時，盆地的地面在太陽照射下變熱，溫度也升高。如果在沿海地帶，海風會幫變熱的陸地降溫，但如果在盆地，海風會被山脈阻擋，無法進入，讓暖空氣也一樣不斷蓄積，而且有時還會有越過山的風化成焚風，往下吹進盆地，導致盆地的夏天更容易變熱。

在大都市常見的熱島效應

在鋪滿柏油，高樓林立的大都市裡，容易產生熱島效應。雖然這種效應乍看之下，跟目前發生在全球的地球暖化現象很類似，但還是有不同之處。

地球暖化是人類活動造成大氣中的溫室氣體增加所導致，屬於全球性的現象。至於熱島效應，雖然也是人類活動所引起，但影響範圍只限於都市。正因為只有都市溫度特別高，像島嶼一樣，所以才稱為「熱島效應」。

那又為何會發生熱島效應呢？那是因為柏油和大樓反射太陽的熱能。除此之外，缺乏植物也被視為原因之一。畢竟植物一少，空氣中的水蒸氣也會變少。由於水蒸氣具有讓氣溫變化較為緩和的特性，只要水蒸氣減少，氣溫就容易因為太陽的熱能而升高。

當然車輛排出的廢氣，空調的室外機散發的熱氣，也都是造成高溫的原因。更糟的是，建築物還會擋住風，讓熱氣更容易蓄積。

熱島現象的原理

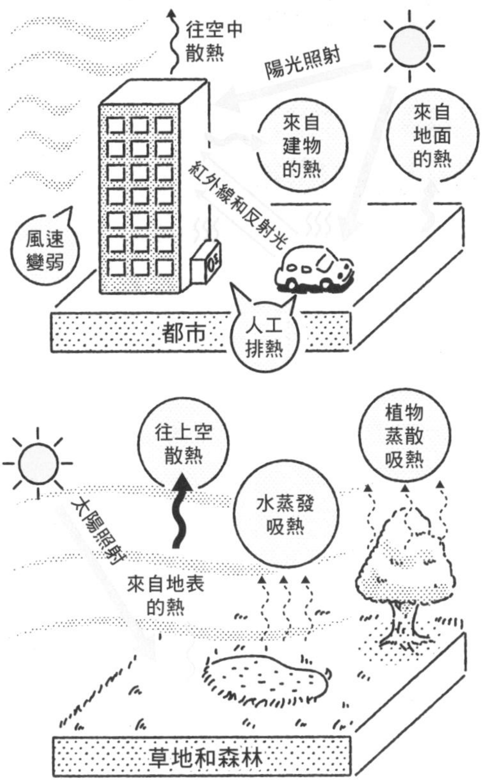

出處：參考氣象廳的網站繪製

COLUMN

富士山頂出現斗笠雲，是天氣變差的前兆？

在富士山山頂上，偶爾會出現像戴了斗笠的雲。這種雲稱為斗笠雲，是莢狀雲的一種，會在風越過山時出現。風越過山時溫度會下降，空氣中的水蒸氣會凝結成雲。

這時在遠離山的地方，會出現莢狀雲和吊雲。這是因為風越過山時，會產生名為「山岳波」的亂流。亂流的上方會產生雲，下方的雲則會消失。

一旦出現斗笠雲和莢狀雲，就代表上空吹著濕潤又強勁的風。這種時候天氣容易變差，所以看到斗笠雲時，就知道天氣要開始轉壞了。

因山岳波產生的雲

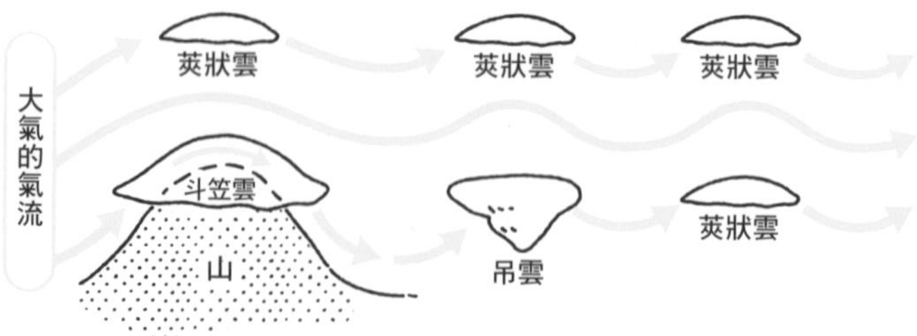

第4章

熱帶的氣候

最接近赤道的低緯度地區，就是熱帶。
雖然統稱熱帶，有的地區一年四季都有下雨，
有的地區卻分成乾季和雨季。

1 熱帶的氣候分類

距離赤道最近　為四季皆夏的國度

地球最熱的地方是熱帶，正好位於赤道附近的低緯度地區。在柯本氣候分類法中，熱帶的定義是「最冷月均溫高於攝氏18度」。

說起熱帶，總給人高溫多雨的印象，但其實有些區域全年有雨，有的區域則有乾雨季之分。全年雨量豐沛的地區，屬於「熱帶雨林氣候」。最冷月的平均溫度都在攝氏18度以上，最少雨月的雨量也都在60毫米以上。熱帶雨林氣候主要分布在赤道兩側，位於北緯和南緯5～10度之間。

為何赤道附近會高溫多雨？這是因為這一帶是最容易接收到太陽能的地方。太陽讓地表升溫

熱帶的氣候分類

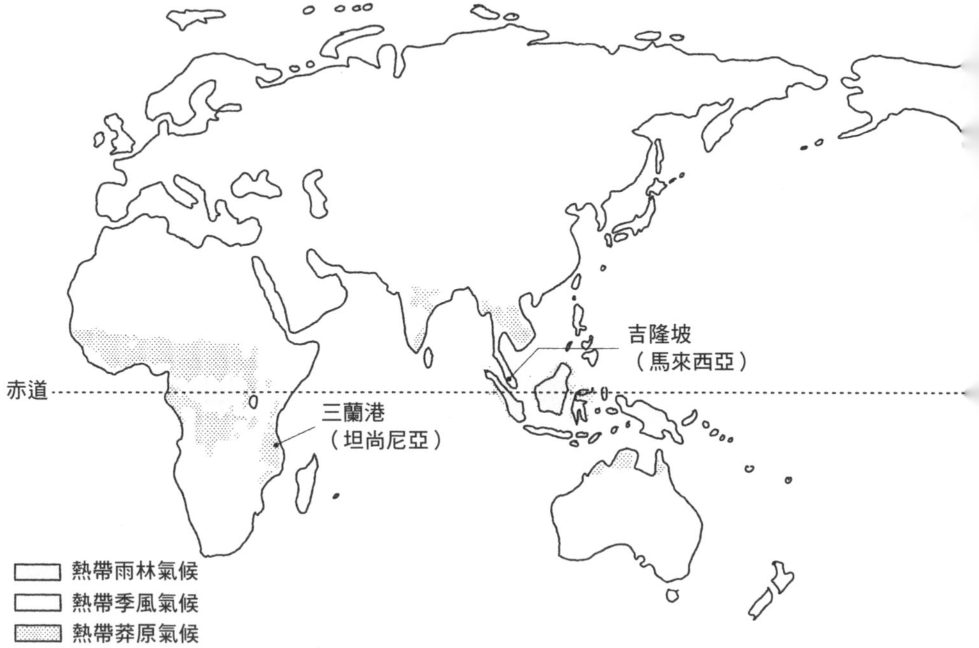

後，地表附近的空氣會上升。赤道附近經常產生上升氣流，故稱為赤道低壓帶。空氣一上升就會成雲致雨，所以這裡才變成高溫多雨的氣候。由於高溫多雨，植物生長快速，使整個區域都被茂密的森林覆蓋，也就是熱帶雨林。

在熱帶雨林氣候區下的雨，稱為「颮（Squall）」。這種大雨通常出現在午後，會伴隨強風突然降下，跟日本的午後雷陣雨很類似。

熱帶中乾雨季區分明顯的氣候，稱為「熱帶莽原氣候」。另外也有一樣分乾雨季，但乾季不明顯的「熱帶季風氣候」。

熱帶主要地點的平均溫度和平均降水量

熱帶雨林氣候

吉隆坡

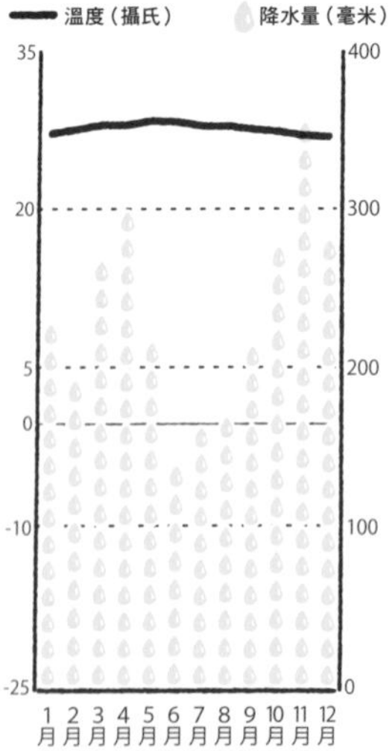

熱帶季風氣候

邁阿密

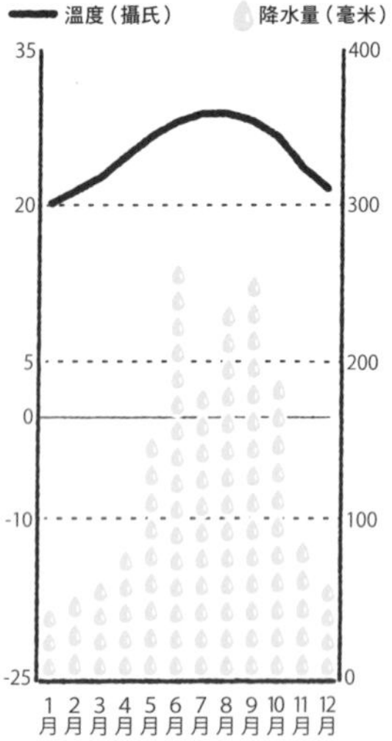

熱帶莽原氣候

三蘭港

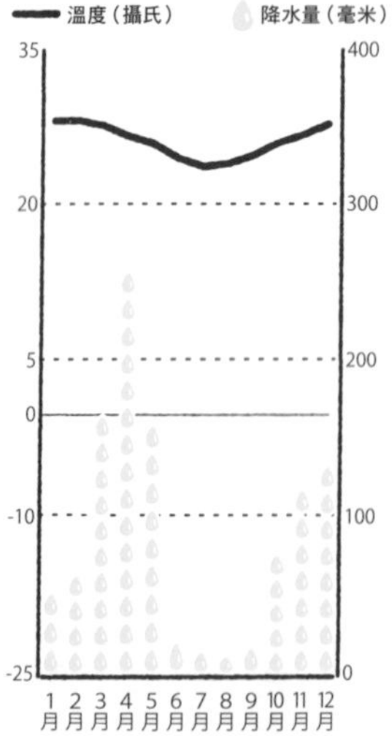

吉隆坡

馬來西亞的首都，分類上屬於熱帶雨林氣候。全年的氣溫變化小。雖有季節之分，但整體上雨量都很多。

邁阿密

美國佛羅里達州的主要都市，分類上屬於熱帶季風氣候。冬季雨量較少，但不如熱帶莽原氣候明顯。

三蘭港

非洲國家坦尚尼亞的最大都市，分類上屬於熱帶莽原氣候。有明顯的乾雨季之分，乾季的雨量非常少。

出處：參考日本氣象廳網站的資料繪製

2 熱帶雨林氣候的生態

有許多種動植物存在的熱帶雨林

所謂的熱帶雨林，就是被稱為「Jungle（叢林）」的茂密森林。不過嚴格來說，叢林是專指位於東南亞和非洲的熱帶雨林。至於南美洲亞馬遜河流域的熱帶雨林，則稱為「Selva（雨林）」。

在熱帶雨林中，樹木會以層層疊疊的方式生長。最上層由離地50公尺以上的超高樹木組成（突出層），第二層由離地30～50公尺的次高樹木組成（樹冠層）。這些樹木枝葉繁茂的部分，稱為「林冠」。

林冠會遮蔽陽光，讓地面一帶幾乎曬不到太陽，因此地面上都生長出不太需要日照的灌木（灌木層）、以及草和苔蘚（地被層）。

在熱帶雨林中，其實存在著各式各樣的生物。熱帶雨林在地表所佔的面積比例，雖然連百分之十都不到，擁有的生物種類卻佔了地球物種總數的一半以上，可說是生物多樣性的搖籃。

在熱帶雨林中，棲息於突出層、樹冠層、灌木層和地被層的動物都不同。突出層因為受太陽直射，非常炎熱，棲息在這裡的是有翅膀的鳥類和昆蟲。樹冠層的日照適中，因此棲息著以樹為家的哺乳類。更下方的樹層因缺乏日照，較為涼爽。棲息在這裡的有哺乳類、鳥類、爬蟲類和兩棲類。

由於樹木濃密，很難看到同類的身影，所以熱帶雨林的動物

熱帶雨林的結構

這是熱帶雨林的生態系想像圖。有許多樹木層疊生長，從喬木到灌木都有。
請注意，圖中的動植物並非存在於同一個大陸上。

經常以叫聲進行溝通。另外，這裡也有很多色彩繽紛鮮艷的生物。有些是為了方便尋找同類，有些是為了讓天敵知道自己有毒。

在熱帶地區也有紅樹林。所謂的紅樹林，是生長在河口附近淡鹹水交會處的樹木總稱。紅樹林的特性，是能將海水的鹽分排出體外。此外，紅樹林即使生長在含氧量少的水裡，根部也會為了吸收氧氣而往上生長，或變成板狀。在日本沖繩的八重山群島，也能看到紅樹林的蹤影。

3 有乾季和雨季之分的熱帶莽原氣候

以樹木稀疏的草原為中心

在熱帶莽原氣候區裡，會看到樹木稀疏的草原。這種草原在非洲中部稱為「薩巴納（Sabana）」或「薩凡納（Savannah）」，在南美則稱作「里亞諾（Llano）」或「坎普（Campo）」。

在莽原上，雨季時會長出很高的草，到乾季時就枯萎。草大都屬於禾本科，能成為動物的食物。這裡的樹木屬於落葉樹，雨季時枝繁葉茂，到乾季時葉子就會掉落。尤其是非洲的莽原上，會稀疏地長出猴麵包樹、相思樹等耐旱樹木。

許多棲息在熱帶莽原氣候區的動物，體積都比熱帶雨林氣候區的動物大，像是大象、長頸鹿等等。專家認為，這是因為要有較大的內臟，才能分解、吸收草木的粗硬纖維。此外，熱帶莽原氣候區的動物大多喜歡成群結隊，畢竟在乾雨季分明的嚴苛環境中，要集體行動才能更有效率地覓食和繁衍子孫。

莽原的景觀

莽原是樹木稀疏的草原，有大型的草食性動物，也有捕食草食動物的肉食性動物。許多動物都會成群結隊一同生活。請注意，圖中的動植物並非存在於同一個大陸上。

4 熱帶的農業

盛行狩獵採集和火耕

熱帶雨林氣候區的熱帶雨林裡，有許多動植物在此棲息生長。即使到了現代，當地還是有很多人遵循傳統，以狩獵採集維生。

除此之外，熱帶也盛行古老的「火耕」。這是把森林燒掉一部份，以燒剩的灰燼當肥料的農耕方式。熱帶雨林的土壤酸性很強，原本不宜耕種，但樹木燒剩的灰燼屬於鹼性，可以中和土壤的酸性，這樣就能種植木薯等根莖類作物和穀物。

有許多熱帶國家都曾是歐洲的殖民地，在那些地方也盛行「熱帶栽培業」。所謂的熱帶栽培業，是指利用熱帶地區的廣大農地，種植單一作物的大規模農園。農園以出口為目的，主要作物有甘蔗、咖啡和可可豆。

在亞洲也有很多地方，是利用雨季種植稻作。水稻原本是熱帶的植物，分為兩種，一種是日本人熟悉的粳稻，米粒短圓，口感軟黏有彈性，另一種是秈稻，米粒細長，口感蓬鬆乾燥。在熱帶主要是種秈稻。當雨季讓土地泡水時，稻作依然能生長。此外，雖然在同樣土地上不斷種植相同作物，容易造成「連作障礙」，使土壤貧瘠，收穫銳減，但種稻卻不會引發連作障礙，也是一大好處。

對森林的破壞成為隱憂

熱帶地區的傳統火耕方式，

熱帶栽培業

會把森林燒掉闢成農地，等田地變貧瘠後，再去燒別的土地，讓原本的田地再恢復為森林。但隨著人口增加，火耕越來越頻繁，不斷重複的結果，就是田地還來不及恢復為森林，就得再燒新的森林。不僅如此，為了進行大規模的熱帶栽培業，也必須砍伐森林，開闢更廣大的農地。

森林就這樣遭到急速的破壞，失去生物的多樣性。近年來生物滅絕的速度，可說是前所未有的快。在過去這50年間，據說已經有三分之二的物種走上了滅絕之路。

5

為何肯亞會有乾雨季之分？

是地球的公轉造成乾季和雨季

位在非洲東部，莽原遍布的肯亞，雖然地處赤道正下方，卻有乾雨季之分。這是為什麼呢？

赤道上有太陽垂直照射，是地球上接收到最多太陽能的地方，不過陽光也不是一直從正上方照射同樣的地方。我在第一章有提過，雖然太陽在春分和秋分時，是通過赤道的正上方，但從12月～2月，也就是冬至到春分的期間，太陽是通過赤道以南的天空，而6～9月，也就是夏至到秋分的期間，太陽則是通過赤道以北的天空。

太陽直射的地方地面會變熱，產生上升氣流，上升的氣流又會在周圍下沉。產生上升氣流的地方會有雲，產生下沉氣流的地方不會有雲。

肯亞在3～5月和10～11月期間，太陽幾乎是從正上方照射地面，所以當地會產生上升氣流，成雲致雨。這時是雨季。

另一方面，當太陽的位置偏北或偏南時，太陽會照射肯亞以北或以南的地面。由於那些地方會產生上升氣流，肯亞正好就成為下沉氣流會出現的地區，導致雲無法凝結，成為乾季。

在第一章裡，我曾解說過赤道低壓帶和亞熱帶高壓帶。這兩處的所在緯度，會隨著季節產生微妙的變動。成為赤道低壓帶的季節是雨季，成為亞熱帶高壓帶的季節則是乾季。

肯亞有乾雨季之分的原因

乾季（6~9 月）

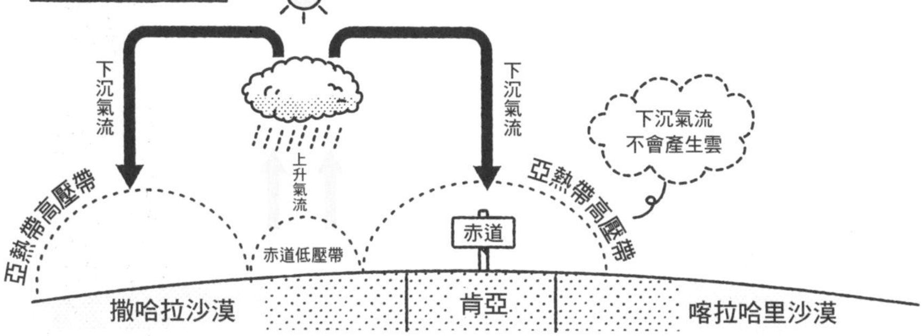

雨季（3~5 月、10~11 月）

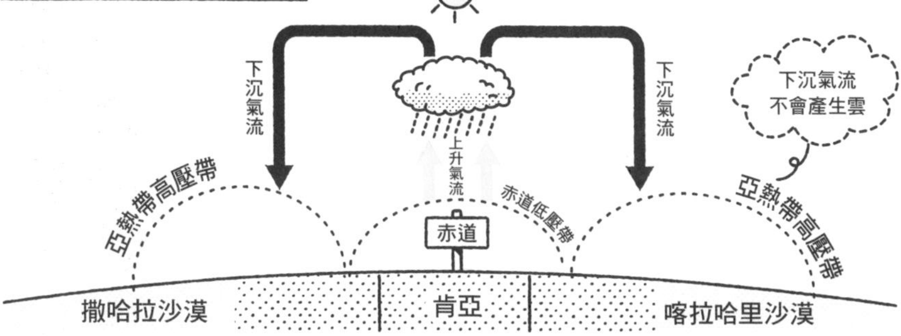

乾季（12~2 月）

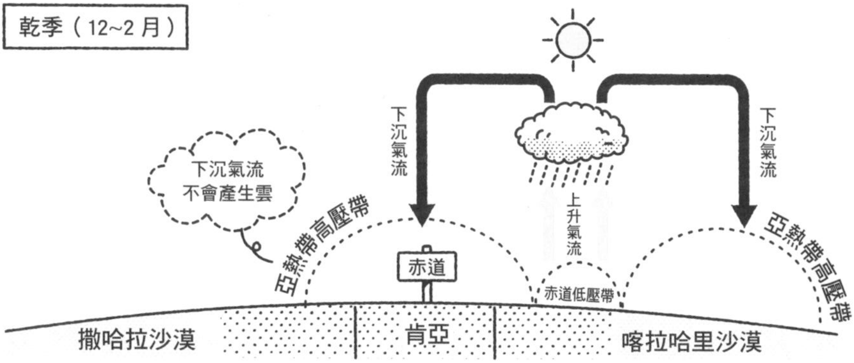

6

東亞的熱帶季風氣候，關鍵在於喜馬拉雅山脈

熱帶季風氣候的雨季長度受季風左右

熱帶季風氣候是熱帶氣候的類別之一，和莽原氣候一樣有乾雨季之分，特徵是雨季較長。這種氣候的成因正如其名，就是受到季風（Monsoon）的影響。

熱帶季風氣候分布的區域，以南亞和東南亞為主。這兩個區域很容易受到季風的影響。

夏季時，陸地的溫度變高，海水的溫度則相對變低。以亞洲

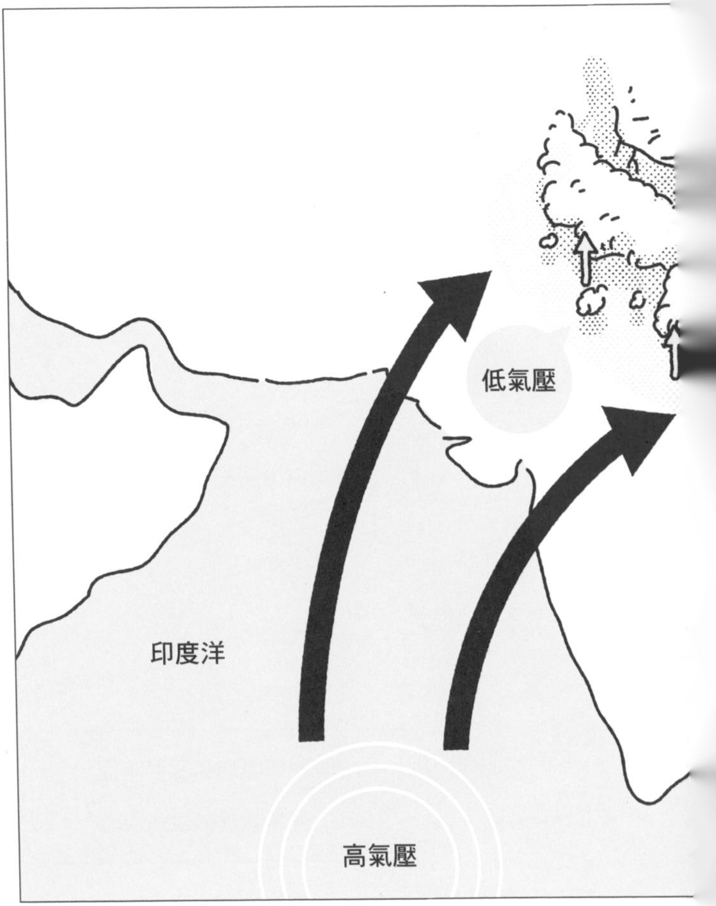

來說，就是印度次大陸的氣溫變高，印度洋的水溫變低，於是印度次大陸產生低氣壓，印度洋則產生高氣壓。這樣一來，風就會從印度洋吹向印度次大陸，但風向受到地球自轉的影響，變成西南風。西南風飽含印度洋的水蒸氣，非常濕潤。

來自印度洋的風撞上喜馬拉雅山脈，被迫往上升，水蒸氣便凝結成雲，開始降雨。這就是夏季季風為南亞、東南亞帶來雨季的原因。

日本也有類似雨季的梅雨季。從宏觀的角度看，梅雨季也算是夏季季風的產物。

7 熱帶氣旋的一生

熱帶氣旋的名稱

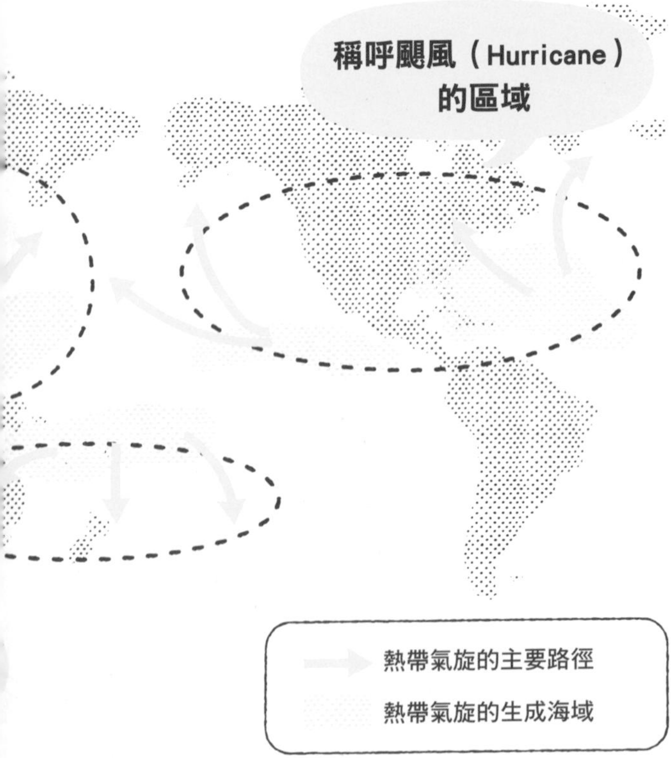

在熱帶產生的熱帶氣旋

每年都會在夏秋兩季侵襲日本的颱風，是一種稱為熱帶氣旋的低氣壓。既然稱為熱帶氣旋，就知道是在赤道附近的海上產生的。赤道附近容易形成上升氣流，不斷產生積雨雲。這些雲聚在一起，受地球自轉的影響化成漩渦。當漩渦中心附近的氣壓不斷下降，就會冠上熱帶氣旋之名。

出處：《颱風大研究（暫譯）》筆保弘德（編著）、PHP研究所出版

熱帶氣旋的能量來自於溫暖的海水。

熱帶氣旋遇到海面水溫高於攝氏26度的溫暖海域，就會開始發展。來自溫暖海水的水蒸氣成為能量來源，讓中心附近的氣壓越來越低，風勢也越來越強。熱帶氣旋就是這樣發展起來的。等中心附近的風速超過某種基準後，就會被稱為「颱風（Typhoon）」、「颶風（Hurricane）」或「旋風（Cyclone）」。發展成熟的熱帶氣旋，會隨著所在區域而有不同的名稱。

熱帶氣旋一旦進入全盛期，中心會出現無雲的區域，稱為「風眼」。只要能在氣象衛星雲圖上看到清晰的風眼，就代表這是發展成熟的熱帶氣旋。熱帶氣旋還有個特徵，就是在北半球呈逆時針旋轉，在南半球呈順時針旋轉。這是受到地球自轉的影響。

熱帶氣旋會被上空的風吹動，逐漸離開赤道。一旦移動，海面的水溫就開始下降，水蒸氣得不到能量，也會逐漸減弱。如果移動到溫帶，又碰上冷空氣，就可能變成溫帶氣旋。這種轉變稱為「颱風變性」。

8 颱風在哪裡誕生，朝哪裡行進？

受上空的風影響而移動

颱風是熱帶氣旋的一種，雖然在熱帶形成，但也會侵襲日本。日本受颱風威脅的時期，主要是在8月後半到10月前半的期間。至於菲律賓，最常看到新聞報導颱風災害的時期，卻是在11月到12月。為何颱風的行進路徑，會隨著季節而不同？這和氣壓分布的型態有關。

颱風很難靠自力移動，都是隨著上空的風一起流動。颱風在太平洋的赤道附近生成後，首先會被經過赤道上空的信風帶吹往西北方。這時因為有太平洋高壓在前方阻擋，颱風只好沿著高壓邊緣繞行。往北移動一段距離後，颱風又會轉向，順著吹過溫帶上空的西風帶，朝東北方移動。

颱風在秋季之所以不直線前進，而是像故意找碴般轉向，靠近或登陸日本列島，原因就在於太平洋高壓和上空氣流的位置關係。

颱風的行進路徑會隨著季節不同而有所改變，其原因之一是太平洋高壓的勢力會隨季節改變。夏季時，太平洋高壓會擴張到日本附近，讓颱風不易接近和登陸。即使有零星颱風堅持走偏北的路徑，朝日本前進，移動的速度也會很慢。不過從夏末到初秋這段期間，太平洋高壓的勢力會減弱，颱風要登陸日本就容易多了。

颱風路徑的季節性變化

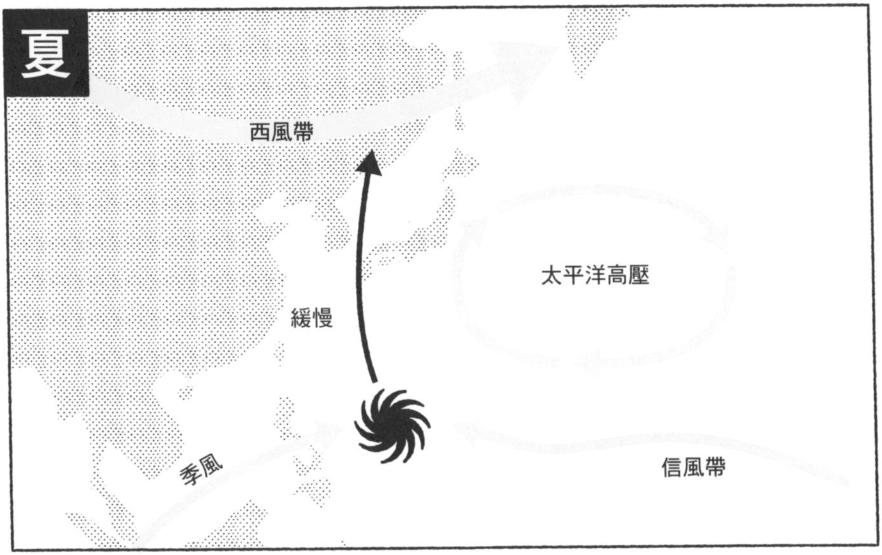

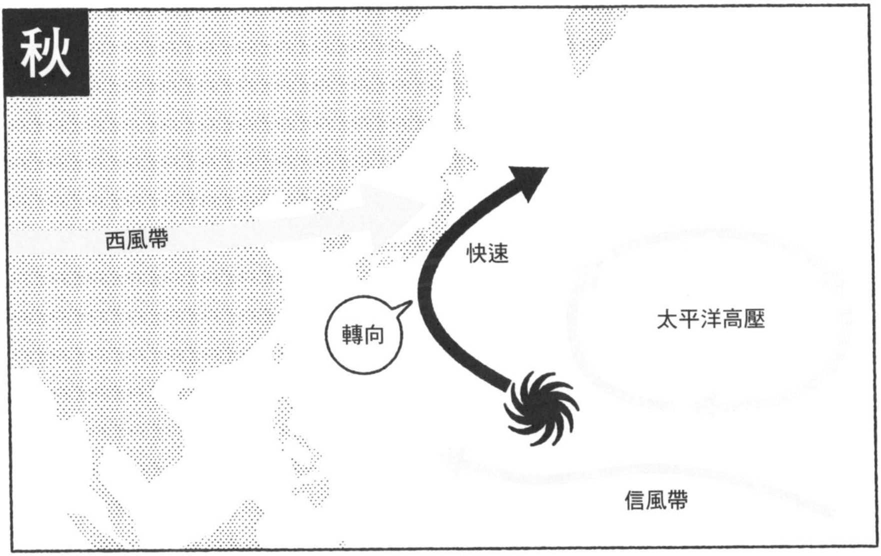

出處：《颱風大研究（暫譯）》筆保弘德（編著）、PHP研究所出版

9

熱帶氣旋的構造

大量積雨雲化成漩渦

在氣象衛星雲圖中，熱帶氣旋登場的樣子總是非常震撼。那種結構究竟是如何形成的？

颱風是低氣壓的一種。在地面附近的風，會以逆時針方向往內吹，沿著中心迴轉，形成漩渦。颱風在接近地面的部分，是以逆時針方向往內吹，到了上空則以順時針方向往外吹。颱風的中心有風眼，風眼旁有強勁的上升氣流，形成如高牆聳立的積雨雲，稱為「眼牆」。這一帶風勢最強，眼牆所在的區域會出現暴風雨（伴隨狂風的大雨）。

在風眼的位置，會產生下沉氣流。由於下沉氣流讓雲難以形成，一旦進入風眼的下方，原本強勁的風雨會瞬間減緩。此外，颱風眼附近有個比周圍高上攝氏10～20度的溫暖區域中心，稱為「暖心」。這是因為海水的水蒸氣在變成水形成雲的過程中，會把熱量釋放到四周。

至於眼牆的外圍，是名為「螺旋雲帶」的雲區，會不斷降下豪雨。

此外，在螺旋雲帶外側，距離颱風中心約200～600公里處，還有名為「外圍雲帶」的降雨區，會下斷斷續續的大雨，也會產生雷電或龍捲風。如果離颱風還很遠卻已經下雨，就是外圍雲帶惹的禍。

颱風的結構

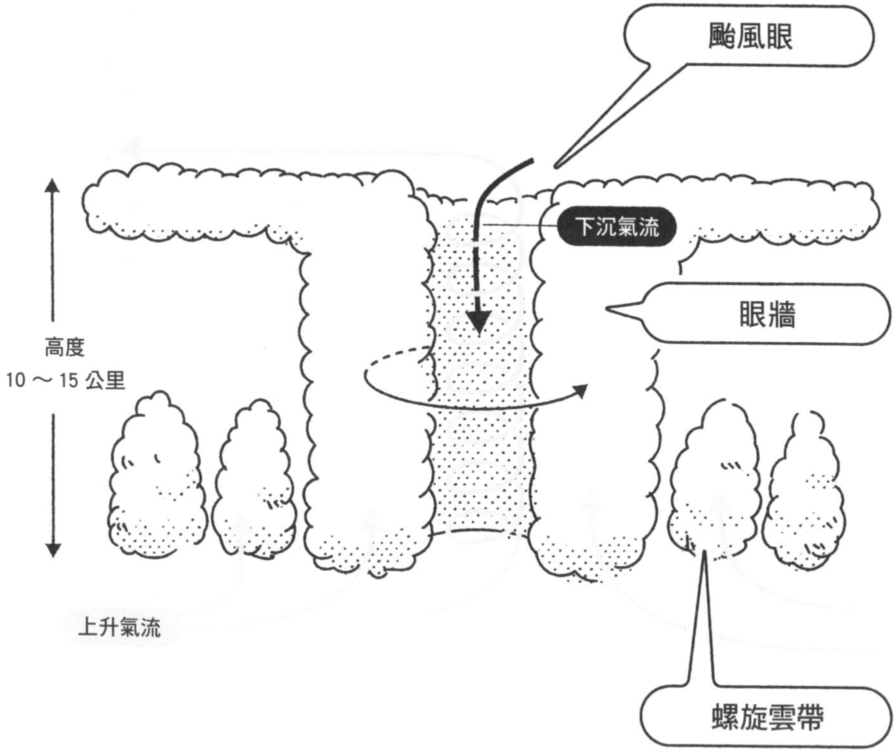

10

侵襲菲律賓的強烈颱風

暴風雨會吹倒建築物引發洪水

颱風帶來的狂風暴雨，會對人命和建築物造成重大損害。例如在2021年12月16日～18日通過菲律賓的第22號颱風，發展到最旺盛時，中心附近氣壓達915百帕，中心附近最大風速達每秒55公尺的「強烈颱風」。強風和洪水造成超過3800棟民宅倒塌，近400人罹難，還有數十萬人被迫離家避難。

之前2013年，第30號颱風也曾對菲律賓造成巨大的災害。第30號颱風登陸時的中心氣壓為895百帕，最大風速達每秒65公尺。更可怕的是，這個颱風還引發高達6公尺的暴潮，約6000人因此罹難。

為何颱風會引發暴潮？

說到颱風，很多人會馬上聯想到暴風雨，但暴潮帶來的災害，其實也不容小覷。所謂的暴潮，就是颱風讓海面水位升高的現象。為何颱風會引發暴潮？最主要的原因是颱風產生的「吮吸作用」和「吹襲作用」。

颱風中心附近的氣壓比周圍低，所以會把海水往上吸，就跟用吸塵器吸東西的原理一樣。基本上，氣壓每降低1百帕，海面水位便會上升1公分。這就是「吮吸作用」。

再來，如果颱風是從海面往岸上吹，會把海岸附近的海水吹向海岸，使海面水位上升。這就是「吹襲作用」，尤其在淺海處特別明顯。

不過就算有颱風，也不一定會引發暴潮。如果在乾潮時，即使水位因暴潮上升，也幾乎沒什麼影響。換句話說，當颱風接近或登陸沿岸時，是處於滿潮還是乾潮，會影響災情的輕重。而且，風要是不從海上吹向海岸，吹襲作用也不會產生。由於颱風是逆時針旋轉，只要路徑往左或右略偏一點，風向就會有很大的改變。總之，必須要各種因素剛好配合，才會出現暴潮。

　由於暴潮是各種巧合重疊的產物，特徵就是難以事前預測。雖然暴潮很少出現，但一旦出現就可能造成重大災害。

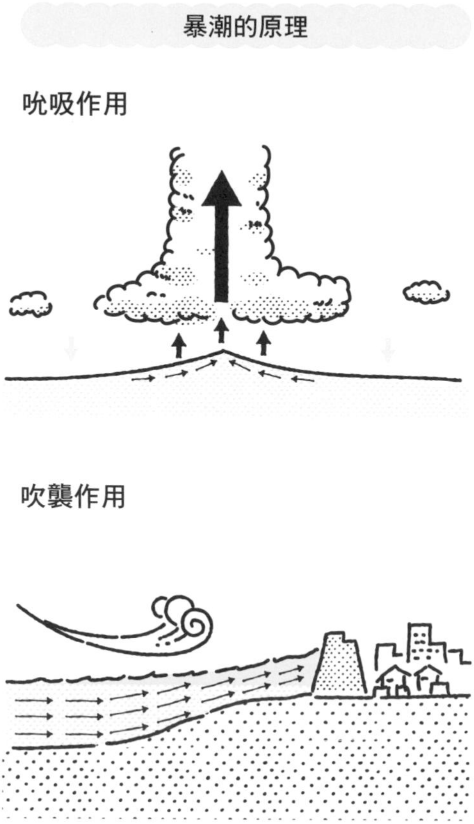

出處：參考日本氣象廳的網站製作

COLUMN

熱帶氣旋的命名有什麼規則嗎？

在日本，會把當年度第一個形成的颱風稱為1號，再來是2號、3號，按順序加以編號。颱風除了編號外，還有所謂的亞洲名。比如前面介紹過的2021年12月的第22號颱風，亞洲名是「雷伊」，2013年11月的第30號颱風，亞洲名則是「海燕」。這種亞洲名是由颱風委員會提供，從2000年開始採用。颱風委員會由14個亞洲國家和地區組成，每個會員國各出10個名字，再用這140個名字做成名單。每當有颱風形成，就按照名單上的順序命名。

至於颶風，則是以人名命名。名單從A開始，照英文字母的順序排列（但Q、U、X、Y、Z除外），每年有颶風形成時，就從字首為A的名字開始命名。其實颱風在1999年前，也是以同樣的方式取人名，不過從2000年開始就改用亞洲名了。

最後是旋風，會依生成的地點不同，負責命名的機構也不同。如果在北印度洋生成，是由印度氣象局以類似颱風的方式，根據由鄰近國家共同訂出的名單命名。如果在澳洲附近生成，則是由澳洲氣象局以類似颶風的方式，用人名命名。而且澳洲幫旋風命名時，還會採納民眾的建議。

不過，無論是哪種熱帶氣旋的名字，只要曾經引發重大災情，就會從名單上剔除，另取新名字頂替。這做法有點類似棒球等運動的「退休背號」。

第5章

乾旱帶的氣候

在緯度略高於赤道的地區，
有幾乎不降雨的乾旱帶。
即使氣候十分嚴苛，
當地的人和動物依然適應這種環境。

1 乾旱帶的氣候分類

雨量少，氣候乾燥

乾旱帶是指乾燥到樹木無法生長的地方，分布在中東、北非、蒙古、中亞、南北美洲的西部及澳洲。

在柯本氣候分類法中，乾旱帶分成兩種氣候，一種是「沙漠氣候」，幾乎全年無雨，另一種是「草原氣候」，又稱半乾燥氣候，有短暫雨季，但全年雨量不多。草原氣候分布在鄰近沙漠氣候區的地帶。

乾旱帶的氣候分類

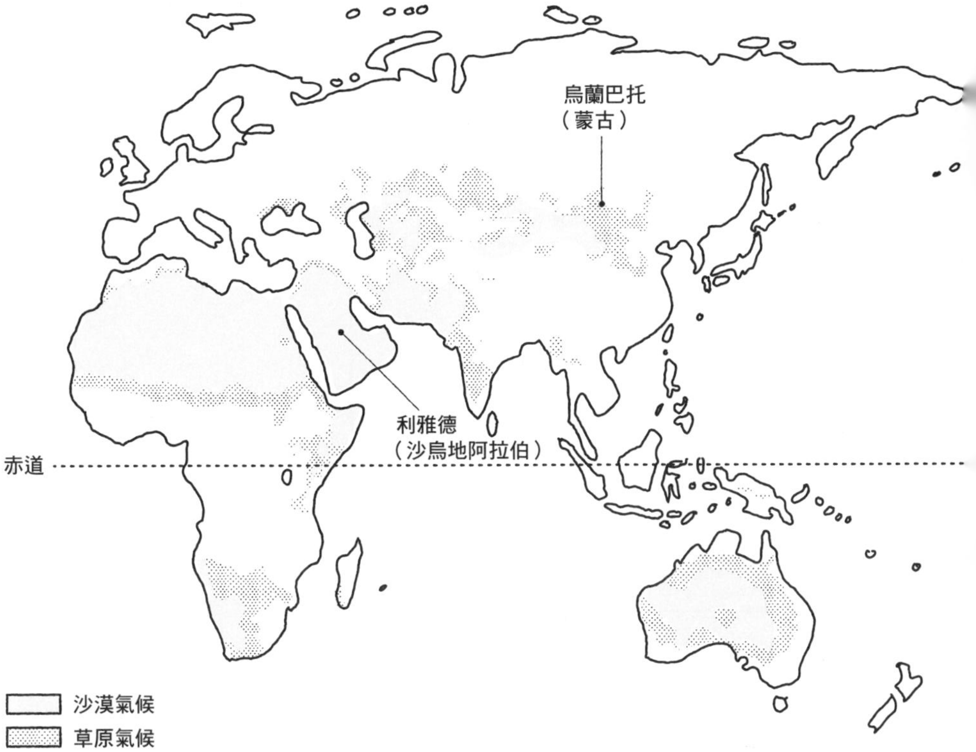

說起乾旱帶，很多人可能會先聯想到酷熱的沙漠。但乾旱帶其實並非位於赤道正下方，而是緯度比赤道高一點的地方。赤道附近產生的上升氣流，都是在這裡下沉，也就是所謂的亞熱帶高壓帶。下沉氣流讓雲無法產生，雨也幾乎不下。

乾旱帶不只出現在亞熱帶，連高緯度地區也有。比如濕潤海風難以到達的內陸地區，就容易變得乾燥。另外，即使是沿海地區，只要海岸有寒流經過，也容易形成沙漠。

乾旱帶主要地點的平均溫度和平均降水量

沙漠氣候

利雅德

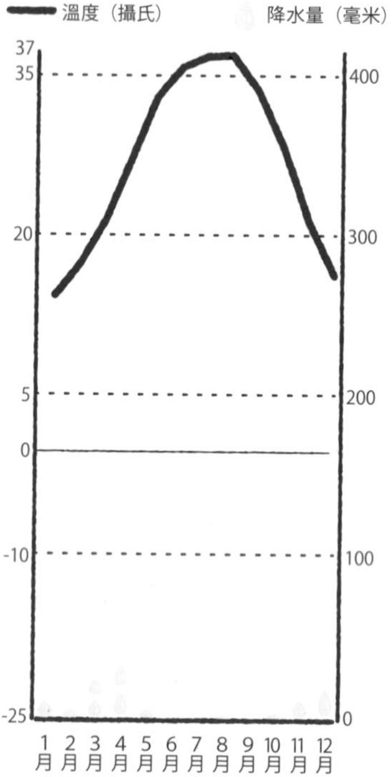

利雅德是沙烏地阿拉伯的首都，分類上屬於沙漠氣候。夏季高溫，幾乎不降雨，冬季的氣溫意外地低。

草原氣候

烏蘭巴托

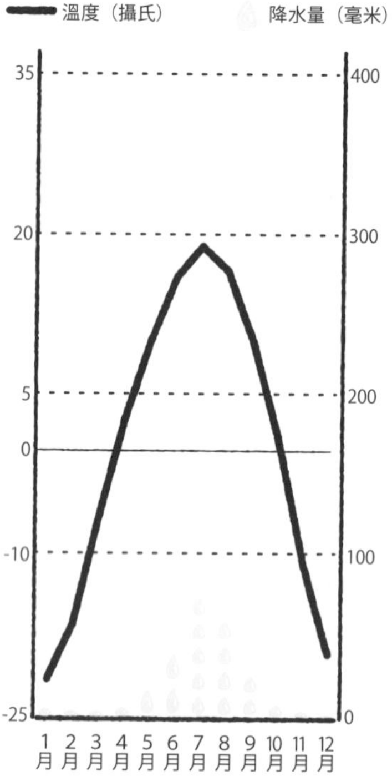

烏蘭巴托是蒙古的首都，分類上屬於草原氣候。由於地處內陸，冬季十分嚴寒。夏季有雨，冬季雨量非常少。

出處：參考日本氣象廳網站的資料繪製

2 沙漠氣候的生態

有適應嚴苛環境的動植物在此棲息生長

沙漠裡幾乎不下雨。雖然統稱沙漠，但其中包括只有沙子的沙質沙漠，多礫石的礫漠，以及多岩石的岩漠。

沙漠的特徵除了不下雨，晝夜溫差也很大。譬如非洲大陸北部的撒哈拉沙漠，白天溫度超過攝氏40度，到夜晚卻驟降至接近攝氏0度。由於沙漠沒有雲，太陽能在白天可以順暢無阻地直達地面。到了夜晚，朝宇宙釋放的能量無法靠雲層反射回地面，導致地面的熱能不斷流失。沒有雲，夜晚的地面就容易變冷，跟不蓋棉被睡覺身體會發冷的道理一樣。

但即使條件如此嚴苛，依然有動植物適應了這種環境，存活下來。例如植物採取的策略，就是平時以種子的狀態等待雨水，只要一下雨，植物就會立刻發芽開花，繁衍後代。除此之外，也有植物是將根部深深紮入地下，吸取水分，或是像仙人掌一樣，在體內儲存大量水分。

在沙漠氣候區中，也有少數動物棲息。沙漠的代表性動物駱駝，會把脂肪儲存在背上的駝峰裡，這樣即使水分和食物短缺，也能存活下來。不僅如此，駱駝的眼鼻還有防止風沙進入的功能，蹄子底部的構造也能避免腳陷入沙中。

棲息於北美的耳廓狐，會在沙子裡挖洞當巢穴，讓自己免於受到劇烈溫度變化的影響。牠的

沙漠的景觀

沙漠的想像圖。圖中描繪的動植物，並非存在於同一個大陸上。

大耳朵也能幫助身體散熱，調節體溫。另外，沙漠裡也有很多耐旱的爬蟲類。

在沙漠裡生活的動物，演化出適應乾旱帶環境的身體結構，可以只靠從植物攝取的水分過活，排尿量也很少。

3 有短暫雨季的草原氣候

有廣闊的草原

草原氣候區和沙漠氣候區不同，會下少量的雨，所以有廣闊的草原。但因為雨量少，樹木幾乎無法生長，長出的草也大都屬於葉片細小，或是在乾季會落葉的品種。

草原氣候的英文「Steppe」，俄語的意思是「乾燥平坦的土地」，原指從中亞綿延至西伯利亞西南部的廣闊草原。不過在其他大陸上也有草原氣候區，比如位於北美大陸中西部的北美大草原（Great Plains），位於南美大陸的烏拉圭和阿根廷的彭巴草原（Pampas）。

由於草原氣候區幾乎沒有樹木可供藏身，所以棲息在這裡的動物，除了像馬、驢一樣擅長奔跑，能迅速躲避天敵的草食性動物外。就是像土撥鼠一樣能在地上挖洞藏身的小動物、爬蟲類或昆蟲。

草原氣候的景觀

草原氣候的想像圖。
圖中描繪的動植物，並非存在於同一個大陸上。

4 沙漠是如何形成的？

沙漠的成因不只一種

沙漠形成的原因，其實有很多種。因位於亞熱帶高壓帶而形成的沙漠，稱為「亞熱帶沙漠」。至於其他沙漠，則依照成因再分成「內陸沙漠」、「涼流海岸沙漠」及「背風面沙漠」。

內陸沙漠位於離海洋遙遠的地方，是因為水蒸氣無法到達而形成的沙漠。塔克拉瑪干沙漠和戈壁沙漠等絲路經過的沙漠，都屬於這個類型。

即使是鄰近海岸的地區，如果沿岸有涼流經過，雲就難以產生。這是因為空氣接觸到涼流會變冷，空氣一冷就會變重，無法上升更無法降雨，於是就形成沙漠。這就是涼流海岸沙漠。

山脈的背風面也是容易乾燥的地方。從海上吹來的濕潤的風，在碰到山後被迫上升，最終凝結成雲，降下雨雪。等風越過山向下吹時，風已經變乾燥，雲難以產生。這種在山的背風面形成的沙漠，就是背風面沙漠。

沙漠的分布位置

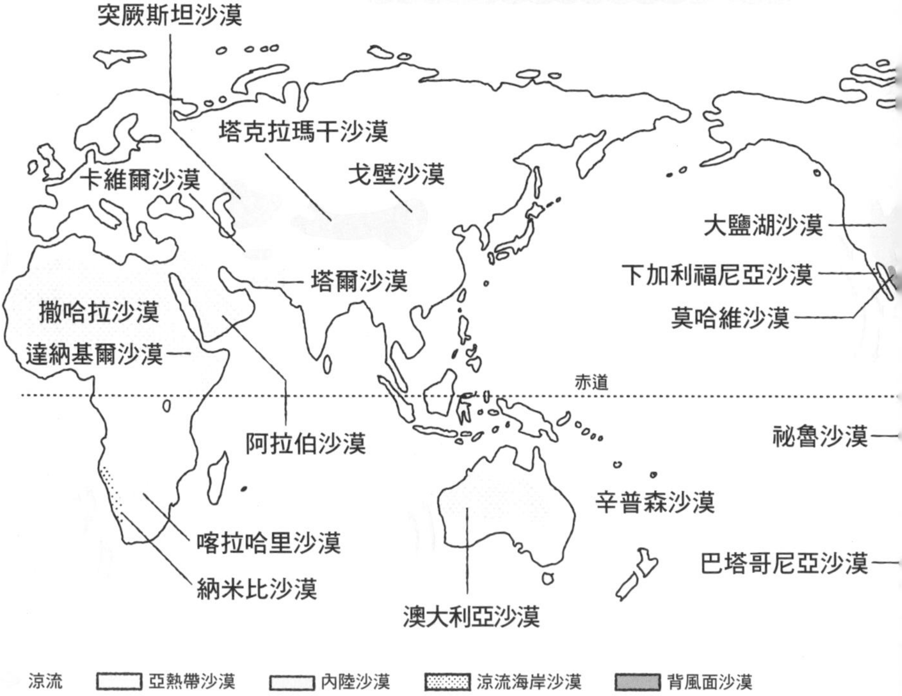

出處：《不可思議的奇妙世界！沙漠大研究（暫譯）》岡秀一（監修）、片平孝（著）、PHP研究所出版

沙漠的原理

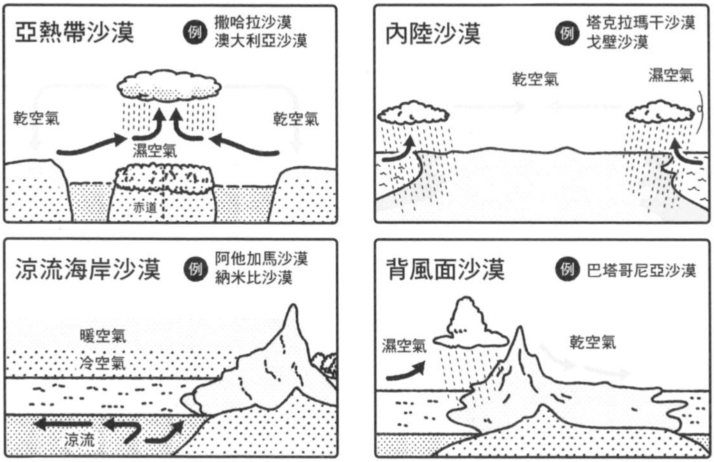

出處：《認識氣候帶！自然環境　②乾旱帶（暫譯）》高橋日出男（監修）、兒童俱樂部（著）、少年寫真新聞社出版

5 綠洲和鹽湖是如何形成的？

沙漠裡有水的原因

沙漠裡有些地方是有水的，就是「綠洲」。因為有綠洲，人類才能在沙漠裡生活。

綠洲的水大多是從遠方流來的地下水。遠方的雨水和雪水在地下經長年累月的流動，最後從有綠洲的地方自然湧出。綠洲大多位於地勢比周圍低的地方，就是因為這裡容易湧出地下水。

在撒哈拉沙漠中流動的尼羅河，也是一種綠洲。尼羅河的水源之一是維多利亞湖。這座湖位於熱帶莽原氣候區，雨季時會降下大量雨水。正因為上游水量豐沛，在流過沙漠時才不至於乾涸。

綠洲匯集大量的人口和物品，有熱鬧的市場，也有供人們祈禱的寺廟。不僅如此，這裡還能進行農耕，形成聚落。

是遠古的海乾涸而成

在沙漠中，經常能看到鹹水湖和布滿鹽的大地。其中最著名的，要屬位於以色列和約旦國境上的死海。死海的鹽分濃度超過30%，浮力很大，可以讓人體驗躺在水面上的感覺。此外，安地斯山脈出產的岩鹽也很有名。

為何乾旱地帶會有含鹽量高的水和岩石呢？

這是因為原本是海底的部分隆起成陸地，地層中含有鹽分，如果出現罕見的降雨，雨水會一邊流動，一邊溶解出地層的鹽分，最後蓄積在低窪處，形成水

綠洲形成的原理

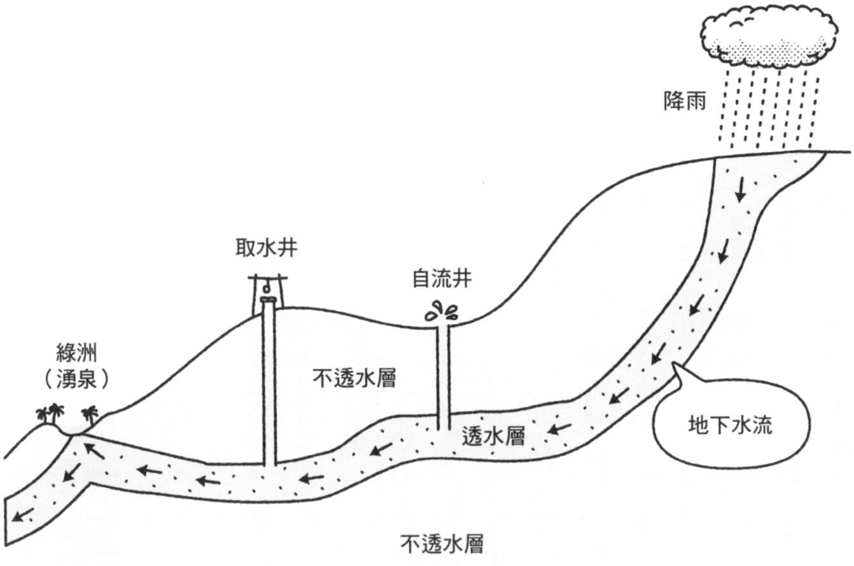

出處：《不可思議的奇妙世界！沙漠大研究（暫譯）》岡秀一（監修）、片平孝（著）、PHP研究所出版

塘。如果水塘沒缺口，照理來說應該會越積越大，但乾旱帶幾乎不下雨，水分又會蒸發，不管流進多少水也無法累積，到頭來只有鹽分能留在原處。這就是乾旱帶為何容易出現鹹水湖和鹽漠的原因。

6 乾旱帶的農業和畜牧業

利用綠洲和地下水道從事農業

早在公元前，沙漠的居民就懂得修築地下水道來引水取用。地下水道在中東稱為「卡納特（Qanat）」，在撒哈拉沙漠稱為「活加拉（Foggara）」，在阿富汗和巴基斯坦稱為「卡雷茲（Karez）」，在中國和中亞稱為「坎兒井（或稱坎井）」，構造上都大同小異。在這些地下水道中，有些一條就長達數十公里。

由於必須挖到地下深處，又得定期清除落下的沙土，挖掘和維持都非常麻煩。

沙漠中常見的農業形式有兩種。一種是「旱地農業」，只靠滲入田地的雨水耕作，常見於綠洲。綠洲主要是種植椰棗，並在椰棗樹的樹蔭下栽種小麥、大麥、豆類和瓜果。在樹蔭下種田，也是為了抑制土壤水分的蒸發。

另一種是「灌溉農業」，主要引用河水和地下水耕作。如果採用灌溉農業，就算幾乎不降雨也能務農。

在草原生活的遊牧民族

乾旱帶的草原上盛行遊牧。所謂的遊牧，就是人類為了張羅飼養馬、羊等牲畜的草料而到處遷徙，不長期定居於一處的生活方式。

遊牧民族會在雨季時讓牲畜食用草料，貯存牲畜的乾肉和起司等乳製品，然後靠這些存糧撐

卡納特的範例

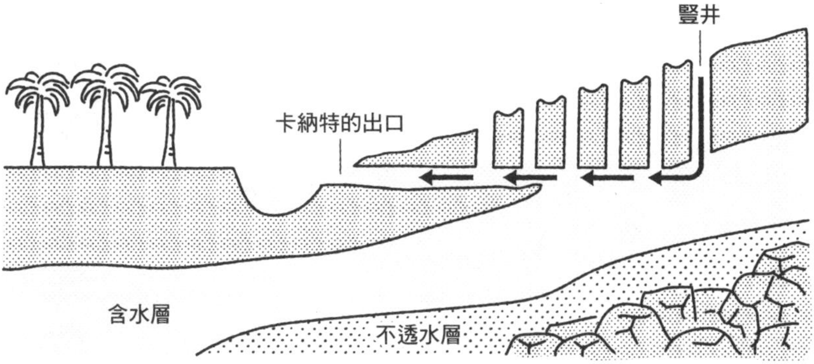

過乾季。除了自用，牧民也會帶自製的乾肉、乳製品或毛皮到市集，和其他牧民以物易物，維持生計。

在肥沃的草原地帶盛行大型農業

在草原氣候區裡，很少會出現大雨沖刷泥土的情形，所以土壤要蓄積養分就相對容易。這種肥沃的黑色土壤稱為「黑土（Chernozyom）」，分布於烏克蘭附近。此外，在北美的大草原區和南美的彭巴草原，也同樣有肥沃的土壤分布。這些地區盛產小麥、大麥、稻子和玉米等穀物，被稱為「世界的糧倉」。肥沃的黑土不只出現在乾旱帶的草原氣候區，在溫帶和亞寒帶也有零星分布。

這種草原上的穀物在生產上有共同特徵，就是規模都很大。由於耕作時會使用大型機械，雇用大量工人，收成的作物也大多用來販售和出口，因此也稱為「農業企業」。

7 逐年擴張的沙漠面積

氣候變遷和人類活動引發沙漠化

沙漠面積逐年擴張，是目前地球的一大憂患。乾旱地區和半乾旱地區變得更乾燥，植物也面臨無法生長的困境。這就叫做沙漠化。尤其是在非洲和亞洲，土地沙漠化加上旱災侵襲，讓居民和牲畜為飢荒所受苦。氣候變遷造成大氣環流改變，上升氣流和下沉氣流生成的位置發生偏移，使原本有雨的地方下不了雨，以及人類對自然環境的過度開發，都被視為沙漠化的成因。

其中沙漠化特別嚴重的，要屬位於撒哈拉沙漠南端的撒赫爾地區。這裡原本屬於草原氣候，也有植物存在，但由於森林濫伐，放牧和農地過度使用，使土地變得荒蕪，引發沙漠化。農地耕種過一定程度的作物後，就必須休耕一段時間，不然土壤的養分會流失，讓之後的作物發育不良。過度耕種會讓農田的土壤變得貧瘠，進而導致沙漠化。

鹽分在土中堆積的土壤鹽化

從乾旱帶常出現鹽湖和鹽漠來看，就知道這裡是鹽份容易堆積的區域。如果農地出現地表鹽份堆積，名為「土壤鹽化」的情形，就無法再種植農作物了。

土壤鹽化的過程如下：首先，在農地種植作物時，通常會澆水，但如果水澆得太多，水分殘留在地表上，原本存在於土壤中的鹽分，就會溶於水中。在乾

土壤鹽化的原理

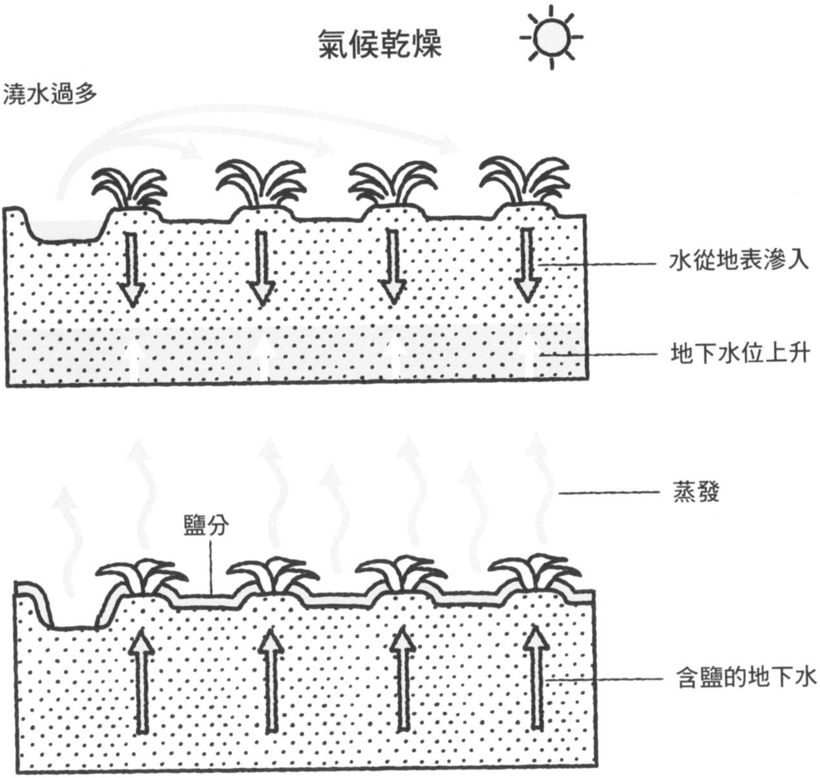

旱帶的強烈日照下，地表蒸發旺盛，把原本在地下更深層的含鹽水拉上地表。等水分蒸發後，鹽分就殘留在地表。這樣一來，地下的鹽分就會逐漸匯集在地表上。

根據專家推測，中東的美索不達米亞文明之所以衰微，其中一個原因可能就是持續進行灌溉農業，讓農田土壤鹽化，糧食產量銳減所致。

8 乾旱帶的自然災害

中國的沙子飛到日本的原因

沙漠一吹起強風，就會捲起沙土，引發沙塵暴（或稱沙暴）。不但能見度會非常差，對飛航等交通造成影響，也會損害農作物。沙塵暴除了會傷害人類的眼睛和皮膚，如果把沙子吸進肺部，也會讓氣喘的症狀惡化。

說起沙塵暴的源頭，要以撒哈拉沙漠，以及中國的塔克拉瑪干沙漠和戈壁沙漠為代表。來自撒哈拉沙漠的沙顏色偏紅，來自中國沙漠的沙為黃土色。

其實日本也會受沙塵暴影響。春季時吹來的黃沙，是中國沙漠的沙，順著西風帶飄來日本的。為何會在春季飄來呢？冬季時，西伯利亞高壓會盤踞在沙漠上，讓沙漠的風減弱，無法吹來日本，而且中國的沙漠在冬季也都被雪覆蓋。春季時雪會融解，

旱災示意圖

西伯利亞高壓也會減弱，風再次吹起，從雪下露出的沙漠因而沙塵飛揚，一路飄來日本。到夏季時會下雨，植物也會生長，黃沙飛到日本的情況就減少了。

熱浪和旱災侵襲農作物

在乾旱帶也會遭遇「熱浪」。所謂的熱浪，以日本氣象廳的定義，是指「在大範圍區域內，出現持續4～5日甚至更久的明顯高溫」。當然熱浪不只是乾旱帶才有，在溫帶和亞寒帶也會發生。在日本的氣象紀錄中，夏季也不時會出現溫度超過攝氏35度的酷暑日。加拿大在2021年6月也曾因熱浪來襲，創下攝氏49點5度的高溫紀錄，還上了新聞版面。

熱浪一出現，土地就會乾燥，人類也有中暑昏厥的危險。所到之處將面臨嚴重的水荒，農作物也會熱到枯萎。長期持續的水荒稱為「旱災」，會導致農作物歉收，地面龜裂。旱災也會讓樹木乾燥，容易引發森林火災。

從2019～2020年間，澳洲和美國的加州都發生過長達數月的大規模森林火災。在澳洲，包括無尾熊在內的許多特有種，都在那場大火中喪命。在加州，森林大火將天際染成一片橘紅的畫面，也在新聞報導中出現。

為何死亡谷是世上最熱的地方？

美國的死亡谷，以世上最熱的地方聞名於世。這裡在1913年創下攝氏56點7度的高溫紀錄，在2020年8月也出現攝氏54點4度的高溫。死亡谷位於美國西部，地處加州的乾燥地帶，目前已成為國家公園。在19世紀中期，曾有拓荒者乘著淘金熱而來，最終卻魂斷此處。這段歷史後來成為「Death Valley（死亡谷）」一名的由來。

為何死亡谷會如此炎熱？秘密就在於低於海平面86公尺的地勢。死亡谷幾乎全年不下雨，只有極少數植物能存活。由於空氣很乾燥，造就出溫度容易因陽光升降的環境，加上山谷低於海平面又狹窄，讓空氣被周圍的群山封閉起來。谷底的空氣即使在日照下變熱上升，也無法在上空變冷並越過山頂，只能再次降回山谷，結果導致熱空氣在谷底不斷蓄積。

蝗蟲大量出現引發糧食危機

乾旱帶不時有大量蝗蟲出現。蝗蟲大量出現所引發的災害，稱為蝗災。尤其在非洲，沙漠蝗蟲經常成群飛行，數量多到足以遮蔽天際，還會恣意啃食農作物，造成糧食短缺。

死亡谷

蝗災的歷史非常古老，連舊約聖經和可蘭經上都有記載。2020年出現的蝗蟲大軍，也為非洲和南亞的廣大地區帶來嚴重的農損和糧荒。

蝗蟲平時體軀呈綠色，稱為「獨居相」，會避開同類獨自生活。這個狀態的蝗蟲是無害的。蝗蟲平常是吃雨季時長出的草長大的。草大約一個月後就會枯萎，之後蝗蟲就會乘著季風，移動到其他有草的地方。

然而，當乾旱帶偶爾下起罕見的大雨時，草枯得比較慢，蝗蟲也得以在同樣的地方繁殖數次，讓數量越來越多。等同伴增加，密度變高後，蝗蟲的身體會產生變化，顏色從綠色變成黑黑黃黃的，翅膀也伸長，可以長距離飛行。身體出現這種變化的蝗蟲，稱為「群居相」，不但會過起群居生活，還會集體進行長途遷徙。到了新天地後，蟲群會繁衍更多後代，或是遇到其他蟲群，結合成更大的群體，把農作物啃食殆盡。

COLUMN

沙漠中出現海市蜃樓的原因

在熾熱沙漠中行走的旅人，終於找到了綠洲。但才放心沒多久，旅人就發現不管自己怎麼前進，綠洲始終離得遠遠的。一直喝不到水的旅人，最後在徘徊中筋疲力盡，不支倒下……諸如此類的橋段，經常在與沙漠有關的故事中出現。這種會逃走的綠洲，其實就是海市蜃樓。在沙漠中，不時會出現海市蜃樓。

海市蜃樓是光線的折射所引起的。在沙漠中，太陽會把地面曬熱，接觸地面的空氣也會變得非常熱。由於比地面稍高的空氣相對較冷，光線就在冷熱空氣的交界處產生曲折，形成像在地上放鏡子照天空的情況。地面反射出的天空，在人的眼中很像湖水。在日本盛夏的柏油路上，也能觀察到相同的現象。明明看到遠方的道路上有積水，但不管怎麼走都無法靠近那灘水。這種現象稱為「逃跑水」。

海市蜃樓的原理

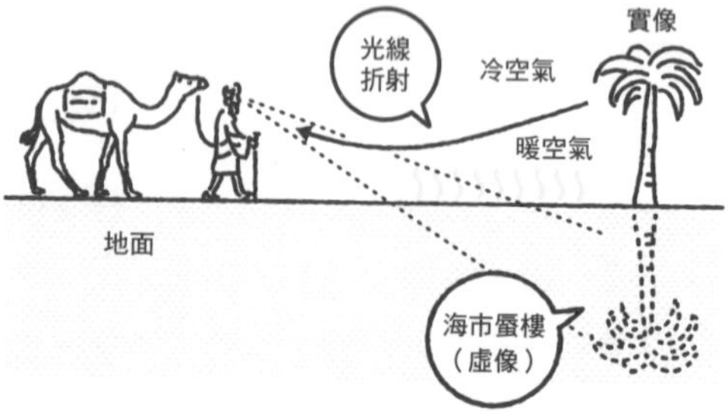

第6章

溫帶的氣候

台灣也屬於溫帶氣候區。

溫帶四季變化明顯，夏季熱，冬季冷。

由於雨量也不少，因此農業和畜牧業很發達。

1 溫帶的氣候分類

溫帶的氣候分類

四季分明，經常下雨

溫帶和乾旱帶同樣位於中緯度，但特徵是經常下雨。因為氣候舒適宜人，世界上有很多大都市都在溫帶。

在柯本氣候分類法中，溫帶的氣候分為四類。第一類是「濕潤溫暖氣候」，夏季高溫多雨。在東亞季風旺盛，四季分明。日本除了北海道外，都屬於濕潤溫暖氣候。此外，美國中部、東部和澳洲東部也都屬於濕潤溫暖氣

候。

「冬乾溫暖氣候」是夏季多雨，冬季乾燥。這種氣候分布於中國內陸、印度北部及尼泊爾等地。此外，冬乾溫暖氣候也分布在鄰近熱帶莽原氣候區的地方。

「溫帶海洋性氣候」夏季涼爽，冬季以所在緯度來看算相對溫暖，而且全年有雨。除了歐洲西部外，紐西蘭也屬於海洋性氣候。

歐洲和北非臨地中海的地區，屬於「地中海型氣候」。這種氣候的特徵是夏季高溫乾燥，冬季溫暖多雨。除了地中海沿岸外，美國西岸和智利東部也都屬於地中海型氣候。

溫帶主要地點的平均溫度和平均降水量

濕潤溫暖氣候

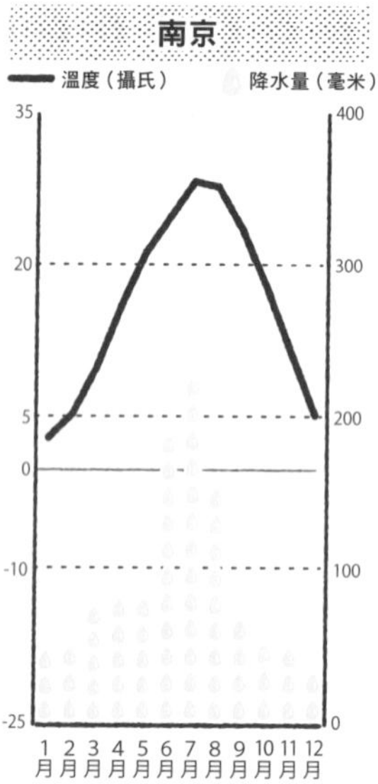

中國長江流域的主要都市，分類上屬於濕潤溫暖氣候。

冬乾溫暖氣候

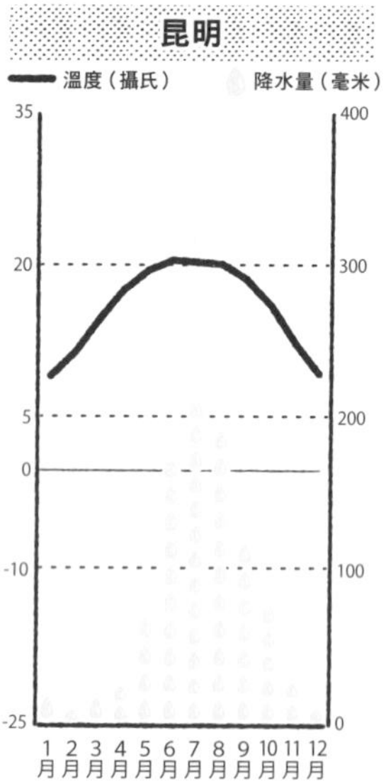

鄰近緬甸、寮國和越南的中國雲南省的省會，分類上屬於冬乾溫暖氣候。

溫帶海洋性氣候

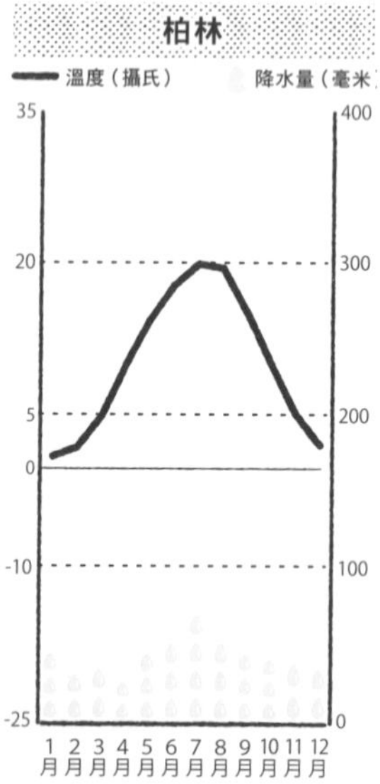

德國的首都，分類上屬於海洋性氣候。

地中海型氣候

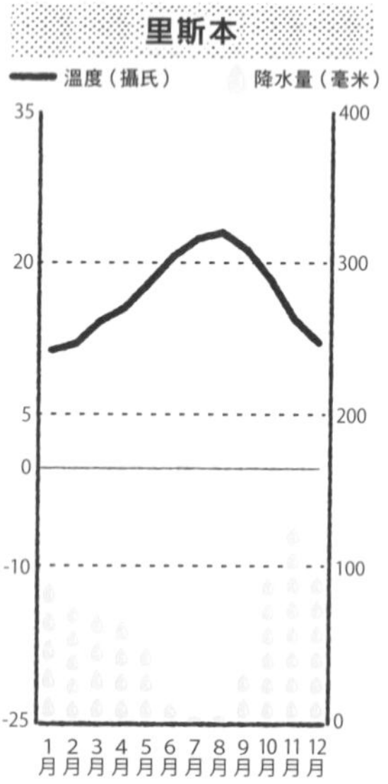

葡萄牙的首都，分類上屬於地中海型氣候。

出處：參考日本氣象廳網站的資料繪製

2 夏季少雨氣候和冬季少雨氣候

為何地中海型氣候會夏季少雨？

雖然在溫帶，地中海型氣候的特徵卻是全年溫暖，夏季少雨。為何地中海沿岸會夏季少雨？

到了夏季，太陽直射的位置會比赤道更北一點。也就是說，赤道低壓帶會往北偏移。由於亞熱帶高壓帶也會跟著北移，導致地中海附近產生下沉氣流，雲難以形成。

此外，在伊比利半島臨大西洋沿岸，有屬於涼流的加那利洋流經過。在涼流的影響下，靠近海面的空氣會變冷，夏季時這裡會形成高氣壓。這樣一來，當低氣壓從大西洋以西移動而來時，就無法進入地中海地區。

於是，亞熱帶高壓帶的偏移，以及阻擋低氣壓的高氣壓，就成了地中海沿岸夏季少雨的主因。

不過到冬季時，亞熱帶高壓帶會南下，讓地中海開始容易形成低壓，降雨也變得明顯。

地中海還有個特性，就是全年水溫幾乎都保持恆定。跟陸地相比，海水水溫的升降本來就不明顯，而且地中海因為入口狹窄，涼流和暖流都難以進入，要保持全年恆溫更容易。由於地中海連在冬季也很溫暖，所以地中海周圍的土地到冬天也一樣暖和。

冬乾溫暖氣候是如何形成的？

冬乾溫暖氣候分布的區域，大致可分為兩種，一種是鄰近熱帶莽原氣候區的地方，另一種是東亞和喜馬拉雅山脈周邊。冬乾溫暖氣候為何會冬季少雨？主要的原因有兩個。

第一個原因和熱帶莽原氣候一樣，是因為赤道低壓帶和亞熱帶高壓帶的位置，會隨著季節南北移動。夏季是位於赤道低壓帶，降雨量多，到冬季就變成亞熱帶高壓帶，雨量也變少。尤其在熱帶莽原氣候區周圍的區域，會冬季少雨的原因大多是這一個。

第二個原因是季風的影響。夏季時受海上吹來的季風影響，經常下雨，但冬季時改吹來自大陸的季風，空氣容易變乾燥。

為何英國緯度高氣候卻溫暖？

英國倫敦位於北緯51度，而在北海道中位置偏北的稚內，卻是北緯45度。在日本附近又和倫敦同緯度的地方，大約是俄羅斯的薩哈林州正中央。稚內和薩哈林州同屬亞寒帶，總給人嚴寒的印象，但倫敦卻暖得不像高緯度地區，年均溫甚至和日本的東北地區幾乎相同。倫敦明明緯度高，為何氣候會這麼溫暖？這和流經附近的洋流有很深的關係。

只要查看倫敦附近海面的年平均水溫，就會發現都在攝氏10度以上，正好跟日本海和東日本太平洋沿岸的水溫差不多。此外，如果查看大西洋的水溫分布，也會發現跟倫敦同緯度的地區中，大西洋西岸的水溫大多高於東岸。

那麼，為何倫敦附近的海面水溫會提高？這是因為從赤道附近經過佛羅里達半島而來的暖流，也會流經英國附近。由此可知，洋流會對沿岸的氣候造成重大影響。

全球海面的年平均水溫（2020年的數據）

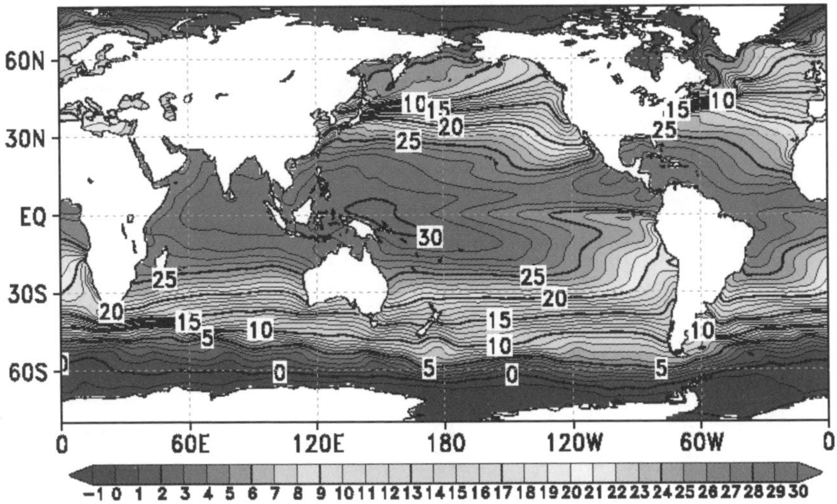

出處：日本氣象廳網站

北大西洋的洋流

3 溫帶的生態

有常綠樹和落葉樹

在溫帶森林中，除了全年有葉子的「常綠樹」，還有一到冬季就會掉葉子的「落葉樹」。根據專家推測，落葉樹是靠掉葉子來熬過乾旱和冬季的寒冷。很多落葉樹到了秋季，葉子就會變紅或變黃。溫帶常見的是櫸樹、橡樹等落葉闊葉林，特徵是葉片薄而扁平。

至於生長在溫帶的常綠樹，則依葉片的種類分成「硬葉林」和「照葉林」。

硬葉林常見於地中海型氣候區，特徵是葉片小而厚。這是為了熬過乾燥的夏季。硬葉林的代表樹種是橄欖樹和軟木橡樹。

照葉林的特徵是葉片有光澤，代表樹種有栲樹、青剛櫟樹、柑橘樹、山茶樹等等，在濕潤溫暖氣候區和冬乾溫暖氣候區中相對溫暖的地方很常見。

除此之外，在溫帶也能看到常見於亞寒帶的松樹、杉樹、檜樹等葉片細長的針葉樹。

溫帶的動物多為褐色系，能融入四周的景色，其中也有會配合季節變化，改變毛量或毛色的動物。草食動物大都有發達的門齒，以便啃食樹實和樹皮。

候鳥在溫帶也很常見。夏季棲息在北極圈或南極圈的候鳥，會來溫帶過冬，而棲息在熱帶的候鳥，也會在夏季到溫帶繁殖。

溫帶森林的景觀

溫帶森林的想像圖。圖中描繪的動植物，並非存在於同一個大陸上。

4 溫帶的農業

地中海型氣候的地中海型農業

地中海型氣候區夏季少雨，配合這種特徵而生的農業，稱為「地中海型農業」。

夏季種植葡萄、橄欖、檸檬、軟木橡樹等耐旱植物，冬季放牧山羊、綿羊等牲畜。葡萄能加工成葡萄酒，銷往世界各地。除了法國和義大利，智利和加州的葡萄酒也頗有名氣。日本瀨戶內海地區因氣候與地中海類似，也栽種同樣的作物，像是香川縣的橄欖，廣島縣的檸檬都很有名。

海洋性氣候區盛行的混合農業

在歐洲的海洋性氣候區中，有很多地方都盛行栽種穀物和畜牧的「混合農業」。

歐洲盛產麥類，但在同一處持續種植麥類的話，土地會變貧瘠。因此，如果今年夏季種大麥和玉米等作物，明年就種馬鈴薯等根莖類，後年在冬季種小麥和黑麥，大後年則種苜蓿草等牧草，同時放牧家畜。牧草能讓土地休養，家畜的糞便也能當肥料。

只要像這樣每年更換土地的使用方式，就能防止土地變貧瘠了。

除此之外，由於夏天相對較短，雨量又少，導致農作物收成不太理想，也是盛行混合農業的原因之一。

混合農業的例子

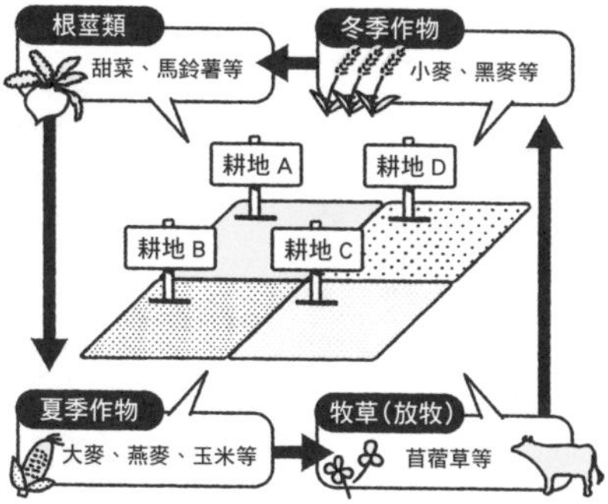

	第一年	第二年	第三年	第四年
耕地 A	根莖類	冬季作物	牧草（放牧）	夏季作物
耕地 B	夏季作物	根莖類	冬季作物	牧草（放牧）
耕地 C	牧草（放牧）	夏季作物	根莖類	冬季作物
耕地 D	冬季作物	牧草（放牧）	夏季作物	根莖類

出處：《認識氣候帶！自然環境 ③溫帶（暫譯）》高橋日出男（監修）、兒童俱樂部（著）、少年寫真新聞社出版。

盛行於東亞的稻作

在東亞、中國南方和日本等多雨區盛行種稻，雨量少的地方則種植旱作。

水稻原產於熱帶，但經過品種改良後，也能在溫帶大量種植。不會引發連作障礙，每年都能在相同的土地上栽種，也是稻作的魅力之一。

在溫暖的地區，有些是一年收穫兩次相同作物的「二期作」，有些是收穫稻米後又種植小麥等作物，一年可收穫兩種作物的「二毛作」。

溫帶的畜牧

在溫帶中，有些地區因土地貧瘠，氣候也相對乾燥，就盛行畜牧。

尤其在紐西蘭，綿羊的畜牧業非常發達。除了從牲畜身上取得肉類和皮毛外，各地也盛行以取得牛羊乳為主的酪農業。乳牛的代表品種為荷斯登牛。這種乳牛偏好涼爽的氣候，所以歐洲北部和美國北部都盛行酪農業。

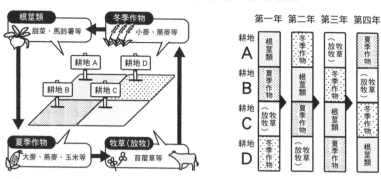

5 溫帶氣旋的一生

因冷空氣和暖空氣接觸所產生的低氣壓

雖然我們平常都以「低氣壓」稱呼，不過正確名稱應該是溫帶氣旋。這是在溫帶地區產生的低氣壓。

當來自南北極的冷空氣（冷氣團）接觸來自赤道的暖空氣（暖氣團），就會產生溫帶氣旋。至於以颱風為代表的熱帶氣旋，則純粹由暖氣團組成，結構和溫帶氣旋不同。

溫帶氣旋也會形成漩渦

當冷氣團和暖氣團接觸時，會在交界處產生上升氣流，容易產生雲。這就是滯留鋒。之後，在上空的西風帶影響下，暖氣團往北移動，冷氣團往南移動，最後形成漩渦。當漩渦中心一帶的氣壓下降，出現圓形的等壓線，溫帶氣旋就誕生了。這時溫帶氣旋的東側會形成暖鋒，西側形成冷鋒，有暖鋒或冷鋒的地方容易產生雲，也常降雨。

當溫帶氣旋的漩渦變強，中心氣壓就會跟著下降，使氣旋越來越發達。冷鋒的移動速度比暖鋒快，會逐漸追上暖鋒，一旦追上，就會形成囚錮鋒。這時是溫帶氣旋的全盛期，風雨也最強。在這之後，氣旋就開始減弱。

像颱風之類的熱帶氣旋，如果從氣象衛星來看，是呈現漩渦狀。溫帶氣旋的外觀雖然乍看之下和熱帶氣旋不同，但要是看動態的衛星雲圖，就知道兩者其實都有漩渦。熱帶氣旋是像陀螺一樣的轉法，溫帶氣旋則像是把果醬倒在優格上，以畫圓的方式不斷攪拌的轉法。

颱風也可能變成溫帶氣旋

颱風一旦來到日本附近，就可能發生「颱風變性」。所謂的颱風變性，是指原本只由暖氣團形成的颱風，在來到溫帶與冷氣團交會後，變成了伴隨著鋒的溫帶氣旋。

還是颱風時，等壓線是漂亮的圓形，但變了性後，等壓線的圓形就會歪斜。在聽到颱風變溫帶氣旋的新聞時，很多人可能都會鬆一口氣，不過變性只是結構改變，不代表勢力就此減弱。有時暴風半徑還會擴大，鋒面附近的風雨也會變強，千萬不能大意。

溫帶氣旋的一生

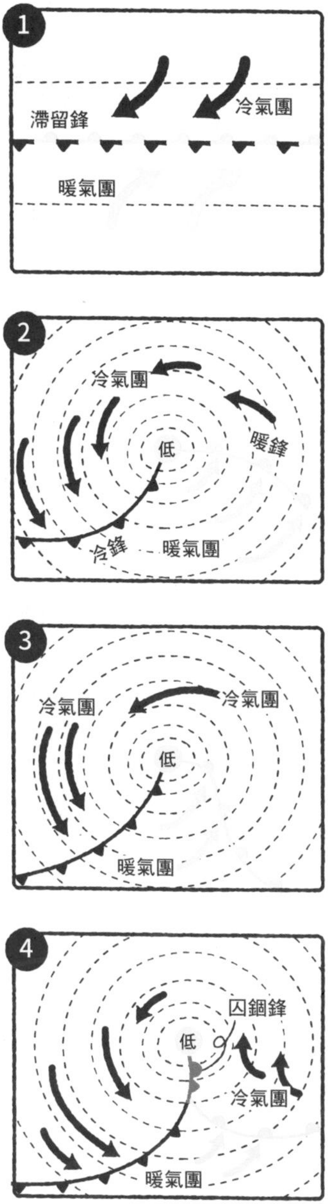

出處：《氣象圖鑑（暫譯）》筆保弘德（監修・著）、岩槻秀明、今井明子（著）、技術評論社出版

6

溫帶氣旋的構造和鋒的種類

鋒總共有四種

溫帶氣旋會出現四種鋒。所謂的鋒，就是冷氣團和暖氣團的交界。

當冷氣團和暖氣團的勢力幾乎相同時，會形成「滯留鋒」。冷氣團和暖氣團會陷入僵持，在同一位置長時間降雨。

當暖氣團碰上冷氣團，並緩緩爬升到冷氣團上方時，會形成「暖鋒」。暖鋒的雨層雲（在日本又稱雨雲）會淅瀝瀝地下起細雨。此外，隨著暖氣團上升，也會產生高層雲（在日本又稱朧雲）和卷層雲（在日本又稱薄雲）。暖鋒一旦靠近，卷雲（日本又稱筋雲）和卷層雲會先登場，接著雲層越來越厚，讓上空都被雨雲籠罩。有句氣象的俗諺說：「日暈和月暈出現，天氣就會每況愈下。」日暈和月暈都在有卷層雲時出現，是暖鋒正在接近的前兆。暖鋒通過後，當地就會被暖氣團籠罩，氣溫上升。

「冷鋒」是冷氣團碰上暖氣團，並鑽進暖氣團下方時形成的鋒。暖氣團會被迅速抬升，產生積雨雲，然後降下伴隨著雷電的豪雨。冷鋒通過後，冷氣團會進入，讓氣溫驟降。

冷鋒的移動速度比暖鋒快，因此最終會追上暖鋒，形成「囚錮鋒」。囚錮鋒有兩種，如果追上的冷鋒溫度較高，稱為「暖式囚錮鋒」，如果溫度較低，則稱為「冷式囚錮鋒」。

鋒的種類和構造

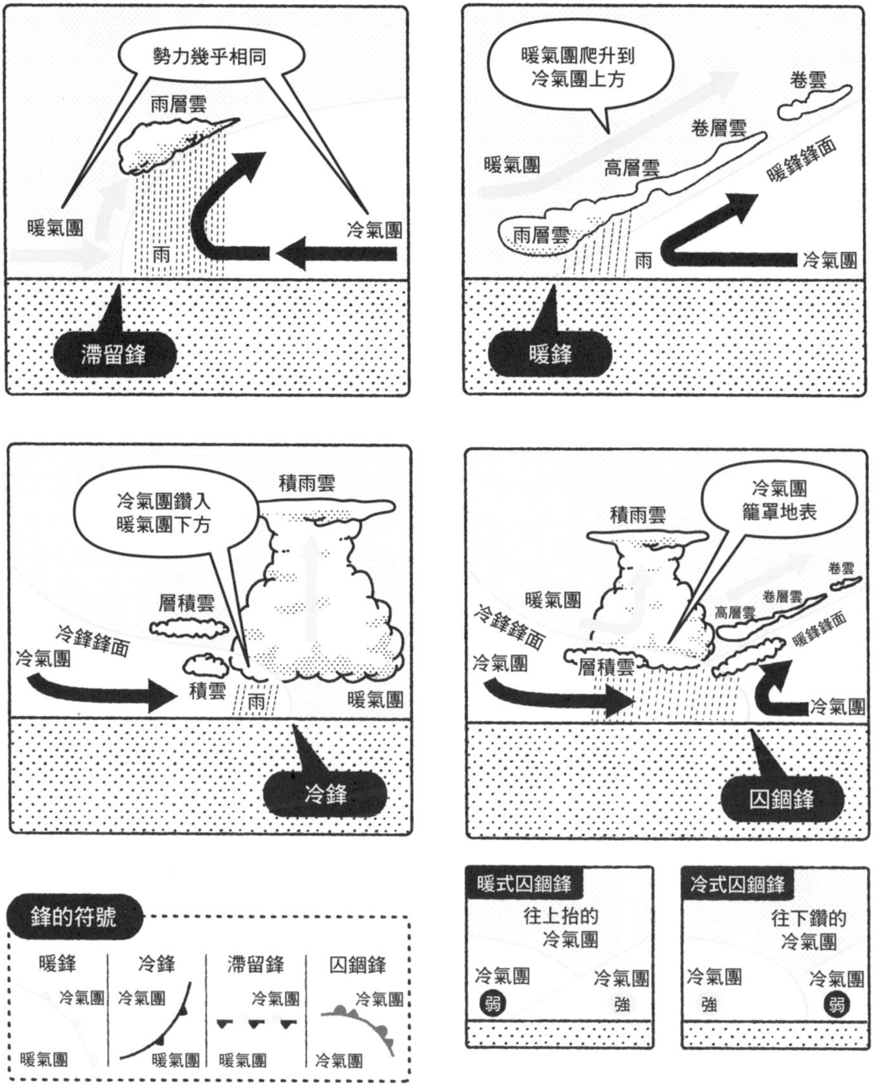

出處：《氣象圖鑑（暫譯）》筆保弘德（監修 著）、岩槻秀明・今井明子（著）、技術評論社出版

7

局部豪雨的原理

積雨雲會反覆世代交替

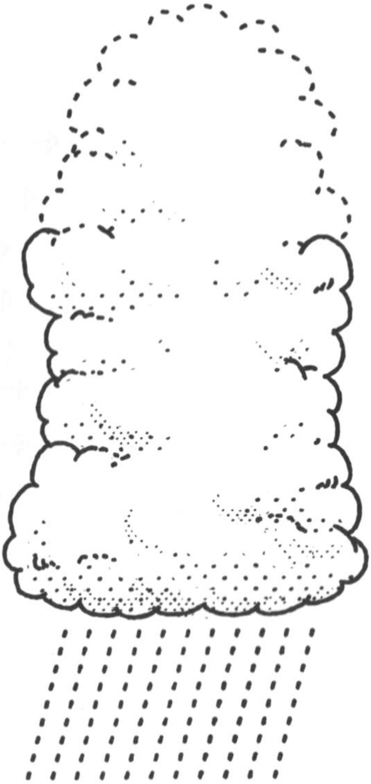

當梅雨季快結束時，會不時下起持續很久的滂沱大雨，引發洪水和土石流等災害。雖然豪雨是積雨雲的產物，但積雨雲的壽命大約只有30分鐘～1小時左右。既然壽命這麼短，又為何能下好幾小時的大雨呢？

這是因為積雨雲會世代交替。

積雨雲是隨著上升氣流產生的。如果溫暖潮濕的風（暖氣團）撞上山或遇上冷氣團，暖氣團就會上升，產生積雨雲。要是地表附近有溫暖潮濕的風，持續吹進容易產生積雨雲的地方，就可能在同一處陸續形成新的積雨雲。

當積雨雲發展到最成熟時，雲內會出現涼冷的下沉氣流。這

局部豪雨的原理

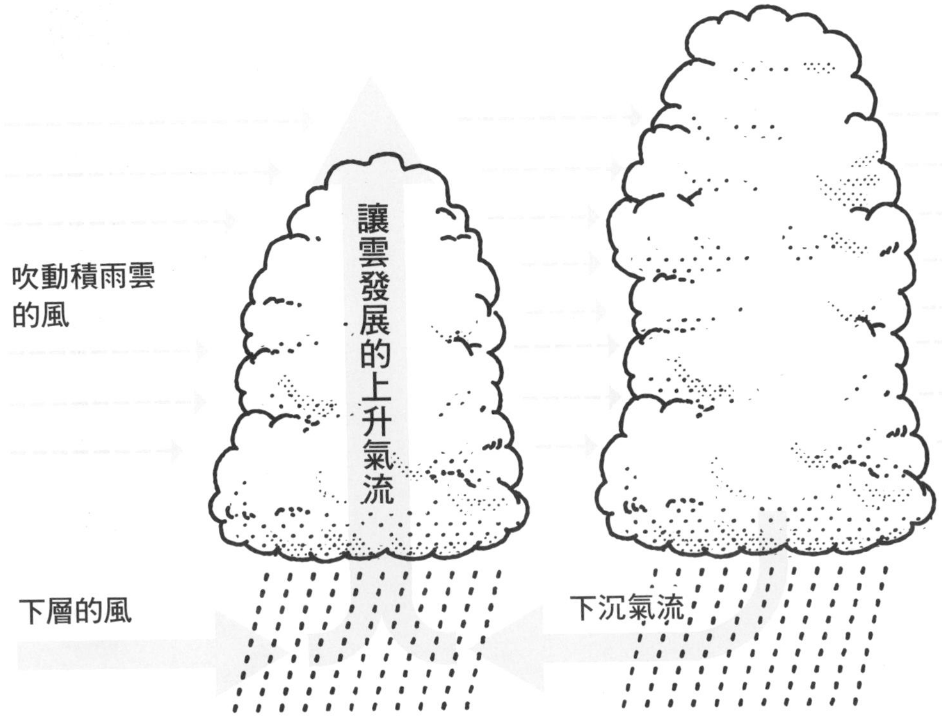

時如果上空吹動積雨雲的風，跟地表附近的潮濕暖風是朝同一方向的話，當積雨雲被上空的風吹走後，涼冷的下沉氣流會留在原本的位置，和地表附近流動的暖氣團交會，讓相同的位置又產生積雨雲。也就是說，是因為積雨雲從同一處不斷冒出來，大雨才會下個沒完。

積雨雲在這種機制下不斷出現的現象，稱為「後造型降水」。這時積雨雲會隨著上空的風，如傳送帶一般往前移動。由於後方一直產生新的積雨雲，使雲排列成行，所以下大雨的地方會呈現細長線狀。這種雨帶稱為「線狀雨帶」。

8

局部豪雨帶來的災害

引發河川氾濫和土石災害

在東亞地區，每逢梅雨季後期和秋雨、颱風時期，就容易出現局部豪雨。大量雨水會集中降在同樣的地方，也會引發許多災害。

說起大雨引發的災害，大家第一個想到的都是洪水。洪水會把人沖走，讓房屋泡水，使家電家具跟著報銷。

除此之外，下大雨也會讓土壤鬆軟，容易崩塌。土石災害一旦發生，就會有很多人罹難。土石災害大致上可分成三種。

「土石流」是山上或山谷的土跟水混合，開始迅速流動的現象。土石流速度之快，可以媲美開車的速度，破壞力也十分驚人，會對人命、建築物和田地造成重大損害。土石流還有一個特徵，就是連遠離降雨區的人也容易受到波及。

「地滑」是坡度相對平緩的斜坡，開始大面積滑落的現象。除了對民宅、道路和田地造成大範圍的損害外，也可能堵塞河川，成為洪水的起因。

至於「山崩」，是陡峭的山坡突然崩落的現象。由於山崩都發生得很突然，常讓山崖下的人因逃避不及而喪命。

2020年在日本和中國發生的大洪水

2020年7月，局部豪雨伴隨著梅雨鋒面來襲，讓日本和中國大陸都因河川氾濫而出現災情。尤其在7月3日～4日之間，豪雨以九州為中心連續降下，更為日本帶來巨大的災情。這場豪雨造成日本三大湍急河川之一的球磨川氾濫，導致約60人罹難，7000棟房屋損毀。從7月3日～8日正午期間，光是在九州就出現好幾條線狀雨帶。除了這次外，筑後川、飛驒川、最上川也在同一年接連氾濫，全國共計罹難者84名，失蹤者2名，毀損的房屋高達1萬6599棟。後來日本氣象廳把這一連串豪雨，正式命名為「令和2年7月豪雨」。

這一年的梅雨鋒面，也在中國大陸引發不少災害。以長江為首，共有190條以上的河川氾濫，罹難者超過2000名。

土石災害的3種類型

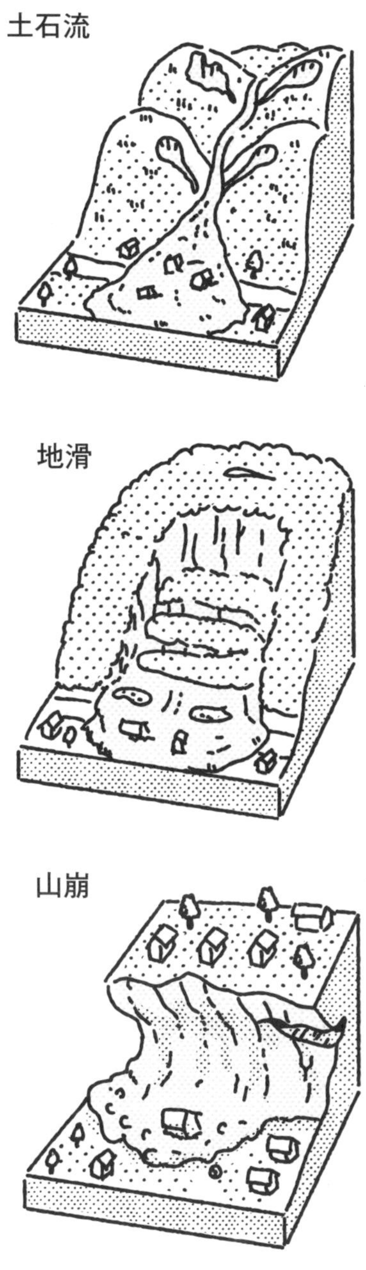

9

龍捲風形成的原理

從名為超大胞的巨大積雨雲中誕生

天空突然出現漏斗狀的雲，颳起猛烈強風，吹倒樹木和房屋，幾分鐘後又消失無蹤。這就是龍捲風。即使是較弱的龍捲風，風速也能達到每秒17公尺，相當於颱風的等級，比較強的甚至能達到每秒１００公尺以上。

引發龍捲風的也是積雨雲。雖然局部鋒等因素也可能引發龍捲風，但如果是風勢強勁的龍捲風，大多是從發展得非常巨大，被稱為「超大胞」的積雨雲中誕生的。

積雨雲的壽命通常只有30分鐘到１小時。這是因為積雨雲從上升氣流中產生後，內部會逐漸形成下沉氣流，跟上升氣流互相抵消，使雲無法繼續發展。但如果是超大胞，由於雲中出現上升氣流的位置與下沉氣流的錯開，彼此不會抵消，讓積雨雲的壽命能延長好幾小時。

從上空看下去，超大胞是不斷旋轉的。雲內的上升氣流也會形成漩渦，稱為「中氣旋」。中氣旋的下方容易產生龍捲風。

龍捲風的直徑不大，大約是數十到數百公尺不等，而且幾分鐘內就會消失，所以很難預測何時會出現。由於龍捲風通過的痕跡，會形成細長的道路，當日本出現龍捲風時，氣象廳的職員會先看受災區域的形狀，再發布「應該是發生龍捲風」的消息。

讓龍捲風產生的超大胞

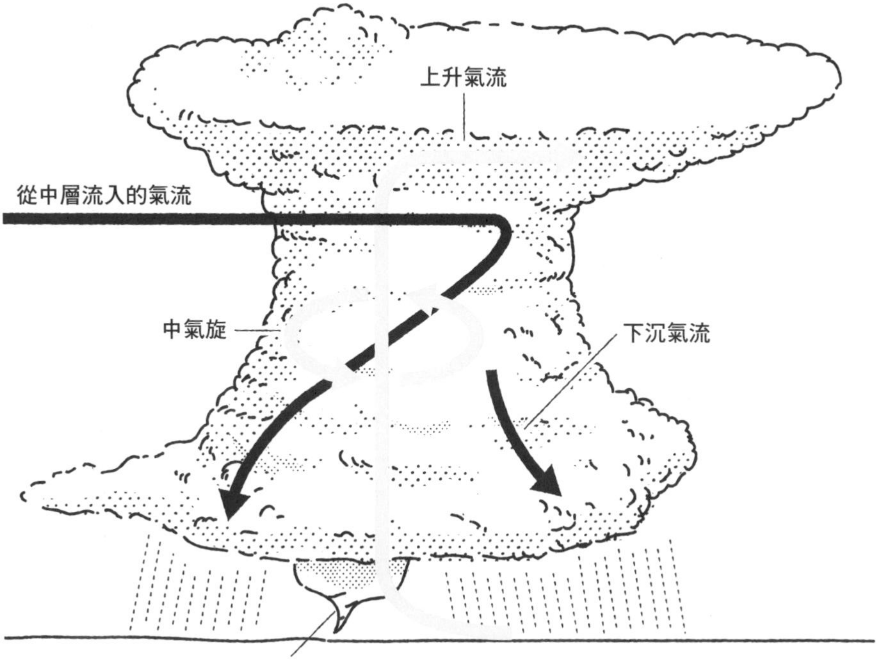

出處：《牛頓大圖鑑系列　天氣與氣象大圖鑑（暫譯）》荒木健太郎（監修）、牛頓雜誌出版

10 為何北美洲常出現龍捲風？

冷氣團和暖氣團在廣闊的平原上互撞

雖然日本也有龍捲風，但說到龍捲風時，大家最先想到的還是北美洲。在《綠野仙蹤》的開頭，有龍捲風把整棟房子捲走的情節。那絕非誇大，龍捲風真的有可能這麼強。日本平均一年會形成25個龍捲風（2007年～2015年的數字，不含海上的水龍捲），但美國一年產生的龍捲風卻多達1300個左右（2004年～2006年的統計）。當然美國面積大，數量自然也會變多，但即使以單位面積來計算，美國產生的龍捲風數量還是日本的2倍之多。

美國為何會產生這麼多龍捲風呢？

龍捲風大多出現在中緯度的平地。美國雖然有像洛磯山脈之類的大山，但絕大部分的區域還是平原。因此，來自墨西哥灣的暖濕空氣，來自沙漠地帶的乾熱空氣、來自北方平原的乾冷空氣以及越過洛磯山脈而來的乾空氣，都在這些平原上互相衝撞。當不同類型的空氣撞在一起，就容易產生超大胞。

在美國的平原中，有些地方特別容易產生龍捲風。這些地區被稱為「龍捲道（Tornado alley）」。當然龍捲道以外的地方也會出現龍捲風。日本的龍捲風主要出現在9～10月，美國則是5～6月。

北美的龍捲道

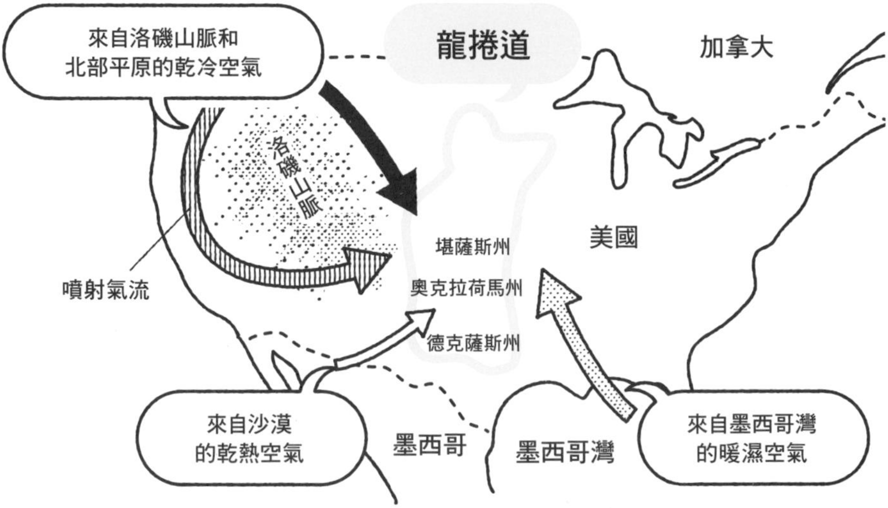

2021年在美國造成大量傷亡的龍捲風

2021年12月，美國遭受到前所未有的龍捲風災害。在12月10日～11日間，共出現60個以上的龍捲風，範圍橫跨8個州，受害者超過100名。

明明不是龍捲風好發的時期，卻出現這麼大規模的龍捲風災情，可說是極為罕見的特殊案例。其中災情最嚴重的地方，要屬肯塔基州。更驚人的是，在這些龍捲風之中，竟然出現一連穿越阿肯色、密蘇里、田納西、肯塔基四州，移動距離超過400公里的超強龍捲風。

COLUMN

氣旋的墳場

溫帶氣旋會一邊發展，一邊乘著西風帶移動。你知道最後會去哪裡嗎？溫帶氣旋會到的地方，其實挺固定的。那裡被稱為「氣旋的墳場」。

世界上有2個著名的氣旋墳場，一個是在白令海，溫帶氣旋在經過日本後，最終會停留在白令海，被稱為「阿留申低壓」。另一個是在冰島，誕生於墨西哥灣的溫帶氣旋，會經過北美東海岸，最後停留在冰島和格陵蘭島附近，被稱為「冰島低壓」。

冬季時，阿留申低壓一旦停滯，海上就會吹起強風，掀起大浪。由於風浪實在過大，幾乎每年都會有船隻因此翻覆。在這個季節捕撈松葉蟹，是世界公認第一嚴酷的工作。

冰島低壓在冬季也很旺盛。這個低壓吹出的風也非常強勁，使海象變得十分惡劣。有時甚至會發展出媲美颱風的威力，為北海沿岸帶來強風、洪水、暴潮等災害。

阿留申低壓和冰島低壓

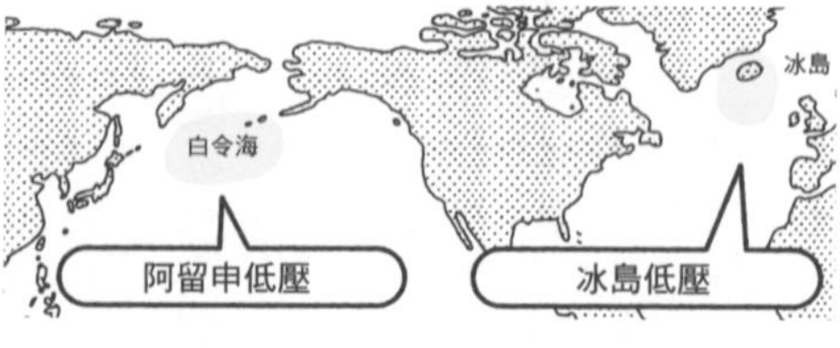

第7章

亞寒帶的氣候

亞寒帶的所在緯度高於溫帶，
是冬季和夏季溫差極大的氣候帶。
由於溫度比極地稍暖一些，
因此也稱為「副極地」。

1 亞寒帶的氣候分類

冷熱溫差大的亞寒帶氣候

亞寒帶的緯度比溫帶高。在柯本氣候分類法中，亞寒帶氣候區的定義是「最熱月均溫高於攝氏10度，最冷月均溫不滿攝氏零下3度」。亞寒帶大多是高於北緯40度的區域，俄羅斯和加拿大的國土幾乎都屬於亞寒帶。日本的北海道也屬於亞寒帶。

亞寒帶的氣候大致分為兩類，分別是「亞寒帶濕潤氣候」和「亞寒帶冬乾氣候」。亞寒帶

亞寒帶和高地氣候的氣候分類

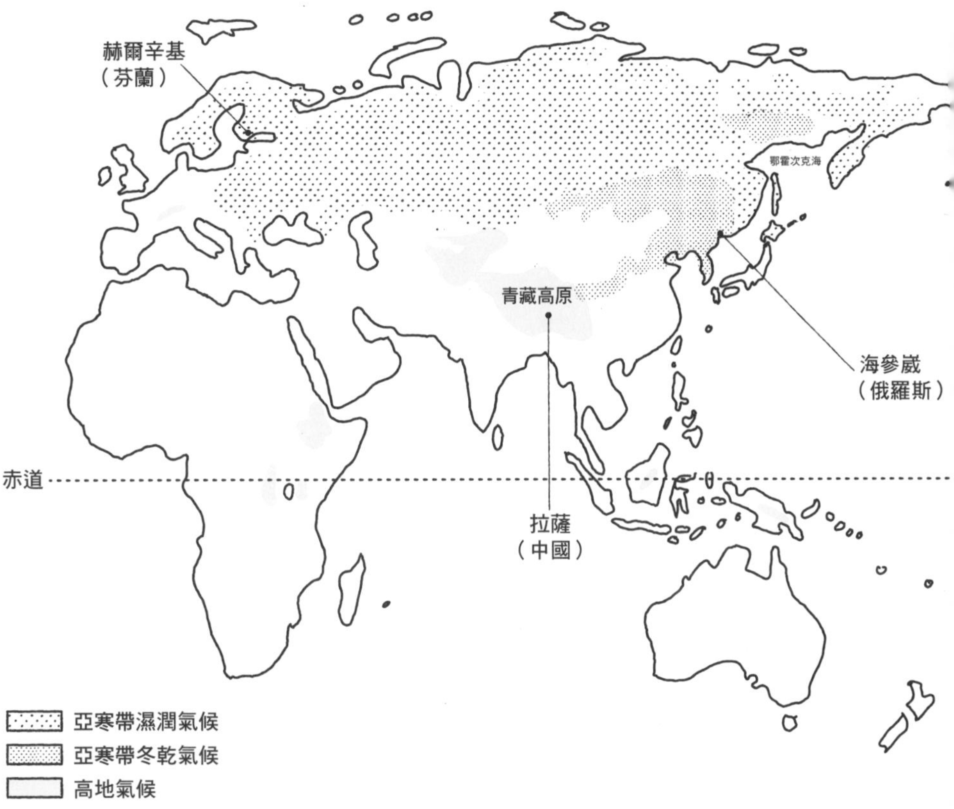

濕潤氣候正如其名，是全年都會降下雨雪的氣候。至於亞寒帶冬乾氣候，則是以夏季多雨，冬季雨雪少為特徵。

冬季漫長嚴寒，夏季短暫高溫的亞寒帶有個特色，就是全年溫差比其他氣候區都大。

比如說，海參崴8月的平均溫度是攝氏20度，1月卻是攝氏零下11點9度。而日本北海道旭川市的江丹別地區，雖然在2021年7月31日創下攝氏38點4度的高溫紀錄，但到了同年的1月24日當天，最低溫度卻來到攝氏零下31點8度。

隨著海拔從熱帶轉為寒帶的高地氣候

「高地氣候」顧名思義，是常見於高山高原的氣候。雖然柯本氣候分類法中沒有高地氣候，但因為特徵明顯，於是在本書中一併介紹。高地氣候分布廣泛，從熱帶到亞寒帶都有。如果在緯度高於溫帶的地區，高地氣候會出現在海拔2000公尺以上的地方。如果在熱帶，則會在海拔3000～4000公尺以上的地方出現。海拔每上升100公尺，溫度就會降低攝氏0點6度（不過這只是平均值。氣溫變化的幅度，會隨著空氣中的水氣量而改變。如果空氣乾燥，每升100公尺會降低攝氏1度左右）。就算山腳下是熱帶，一旦海拔變高，氣候也會變得像亞寒帶或寒帶。比如說，即使在盛夏期間，要登上富士山的山頂時，也得穿隆冬的服裝才行。

高山上因為氣壓低，容易引發高山症。如果突然去海拔高的地方，氧氣濃度會隨著氣壓下降而逐漸減少。萬一身體無法適應，就會出現頭痛、想吐、倦怠、呼吸困難等症狀。這就是高山症。只要趁症狀輕微時迅速下山，身體就會好轉，但如果症狀惡化，腦和肺就會開始水腫，甚至可能致死。要攀爬高山時，必須先在海拔稍高一點的地方放鬆一下，讓身體適應含氧量低的空氣。

氣壓低會發生什麼事？

去富士山山頂等氣壓低的地方時，從平地帶去的袋裝洋芋片會整個膨脹起來。這是因為外面空氣的氣壓降低，袋中的氣壓就相對變高，讓袋中的空氣從內側往外推。

除此之外，隨著氣壓下降，沸點也會變低。水在平地要攝氏100度才會沸騰，但到了富士山的山頂上，沸點卻降成攝氏88度左右。即使在盛夏，富士山的山頂也如隆冬般嚴寒，但就算想在山頂上來碗泡麵取暖，也只能吃到半冷不熱的湯麵而已。

亞寒帶主要地點的平均溫度和平均降水量

亞寒帶濕潤氣候

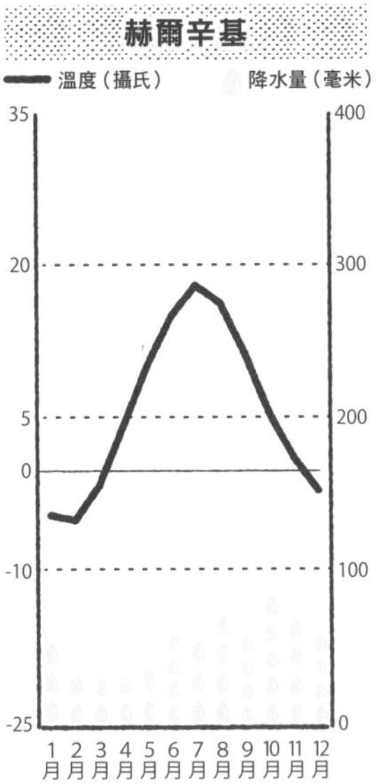

亞寒帶冬乾氣候

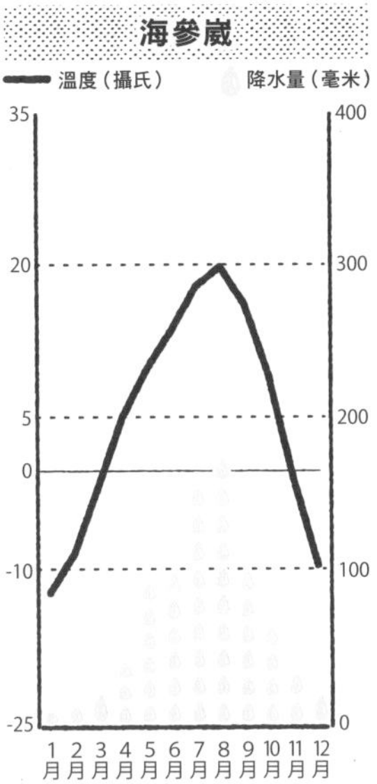

高地氣候

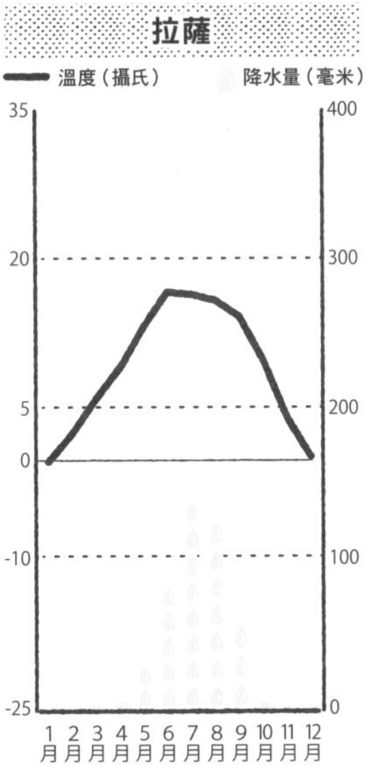

赫爾辛基

芬蘭首都，分類上屬於亞寒帶濕潤氣候。全年都會降下雨水。

海參崴

俄羅斯遠東地區的都市，位於日本海沿岸，分類上屬於亞寒帶冬乾氣候。夏季多雨，冬季雨水少。

拉薩

中國大陸西藏自治區的首府，是西藏的政治和宗教中心，位於海拔平均4000公尺的高原上，為典型的高地氣候。

出處：參考日本氣象廳網站的資料繪製

2

亞寒帶的生態

遍布針葉林

亞寒帶的特徵，就是被稱為「北方針葉林（Taiga）」的針葉林。北方針葉林原本專指俄羅斯的森林，但如今也用來泛稱加拿大和阿拉斯加等地的森林。北方針葉林與多種樹木層疊而生的熱帶雨林不同，構成的樹種很少。組成北方針葉林的樹種，主要是松樹、冷杉和雲杉類。這些樹種的葉片呈針狀，所以不易積雪。我們印象中的聖誕樹，大多是上細下寬的尖銳形狀。這是為了讓樹葉不會互相重疊，以便更有效地吸收高緯度微弱的太陽能，進行光合作用。

在哺乳類之中也有會冬眠的動物

棲息在寒冷地區的動物，大多體型龐大。身軀越大，體積和體表面積的比例就會越小，體溫也越不易流失。這稱為「伯格曼法則」。比如同樣是熊，生活在熱帶的馬來熊體重約40～70公斤，而棲息在亞寒帶的北極熊，體重卻高達100～500公斤。

棲息在亞寒帶的動物中。有些會選擇冬眠，以撐過缺乏食物的嚴冬。比如熊在冬眠前，會先吃下大量食物儲存養分，要冬眠時就進入樹洞或土坑裡一直沉睡，不吃不喝也不排泄。

亞寒帶森林的景觀

亞寒帶森林的想像圖。圖中描繪的動植物，並非存在於同一個大陸上。

3 亞寒帶的產業

有肥沃的黑土 也有缺乏養分的土壤

第五章介紹過的以黑土為代表的肥沃土壤，在亞寒帶也有分布。之前我說過，烏克蘭和北美受惠於這種土壤，盛產穀物，被稱為世界的糧倉。但另一方面，北方針葉林的土壤卻是名為「灰化土（Podzol）」的灰色土壤。這種土壤缺乏養分，不適合耕作。不過針葉林不像熱帶雨林層疊交錯，採伐上相對容易，所以林業在亞寒帶很盛行。不僅如此，跟林業有關的木材加工業和造紙業，在此地也十分興盛。

也有人從事畜牧和狩獵

亞寒帶和高海拔地區因氣候涼爽，酪農業也非常盛行。居民飼養牛、山羊、綿羊等牲畜，用來擠奶。除了直接飲用，也會加工成奶油和起司。

而在無法進行農業、林業和酪農業的地方，居民至今依舊以狩獵維生。棲息在寒冷地區的動物都有厚實的皮毛，所以人們不只食用動物的肉，也會割取皮毛做防寒衣物或家中的鋪墊。然而，近年來為皮毛濫捕盜獵的情形日益猖獗，導致動物數量銳減，形成一大隱憂。

針葉林的林業景象

4 高地氣候的生態系統

植物的種類會隨著海拔高度而產生變化

不同的氣溫和降水量，會改變每個地方生長的植物種類。以高山來說，即使山腳下地處熱帶，山頂也可能終年積雪。高地氣候帶會隨著海拔上升，依照熱帶↓溫帶↓亞寒帶↓寒帶的順序變化，每個區段的植物種類也會跟著改變。等海拔高到一定程度後，樹木會因低溫和乾燥而無法生長。這條分界線稱為林木線。

林木線的位置會隨著地區改變，在溫暖的地方海拔較高，在寒冷的地方海拔較低。海拔高於林木線的地方，只能長出稀疏的灌木和草，到最後甚至連草都長不出來，風景中只剩下岩石和礫石。

高於林木線，卻沒有終年冰封的地方，稱為高山區，生長著高山特有的植物。這種植物稱為高山植物。有些高山植物採取的策略，是在沒積雪的短暫期間成長、開花和繁衍後代，有些則演化出抗強風，耐乾旱的植株。

為了尋求寒冷的棲地而住在高山上的動物

高山上也棲息著適應高山嚴苛環境的動物。這些動物有的長出厚重毛皮禦寒，有的長出能牢牢抓穩陡峭山坡的爪子。

目前棲息在高山的動物中，有些在地球還很寒冷的時代，其實是住在平地的，但隨著氣候變遷，這些動物為了尋求更適合生

植物垂直分布的範例

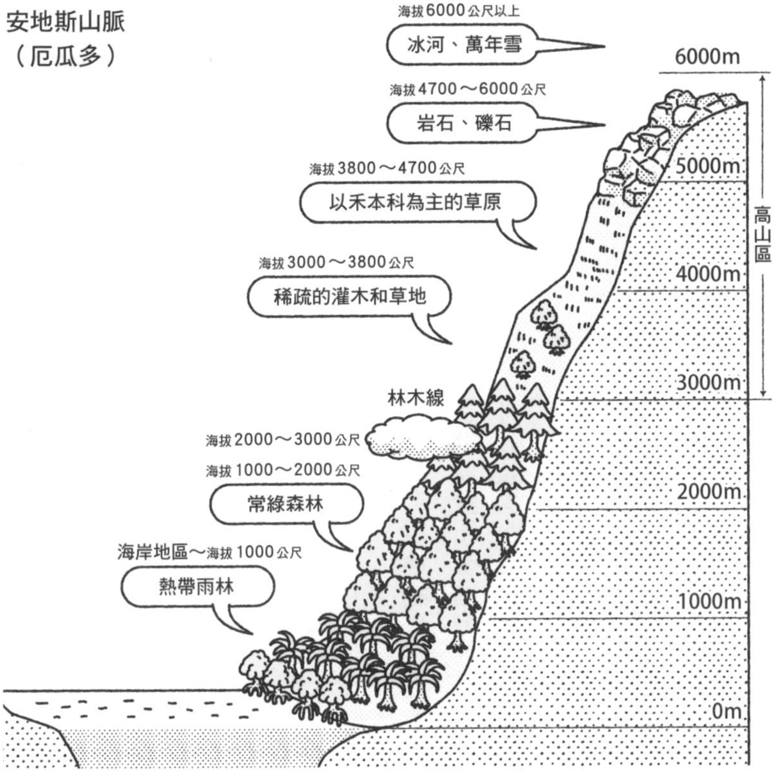

出處：《認識氣候帶！自然環境　④亞寒帶、高地氣候（暫譯）》高橋日出男（監修）、兒童俱樂部（著）、少年寫真新聞社出版。

活的溫度，就轉而棲息在高山上。在這類動物之中，最具代表性的是雷鳥。雷鳥會在夏冬兩季改變羽毛的顏色。這是保護色，能確保自己不受外敵侵擾。除此之外，雷鳥還有尖銳的鳥喙和爪子，能在雪中挖洞生活，可說是非常適應高山的環境。

但隨著地球暖化，棲息在高山的動物也開始面臨棲地逐漸縮小，個體數量也不斷減少的威脅。

5

高地氣候的農業

高原也有農業

在高地氣候區中，有高原的地方也有農業。比如衣索比亞利用雨季的雨水，進行「雨養農業（譯註：只靠雨水耕作的農業）」，生產名為「苔麩（Teff）」的禾本科植物，以及玉米、咖啡等作物。在青藏高原上，也出產大麥和小麥。在安地斯山脈上，是以梯田進行耕種。這些梯田的高低差距，最大可到2000公尺左右。由於海拔越高越冷，種植的作物也得跟著改變。

畜牧業也很盛行

高海拔地區也盛行畜牧。居民會飼養所在區域的特有動物，利用這些牲畜的肉和皮毛。

在衣索比亞是養牛、綿羊和山羊等牲畜。在青藏高原上是以遊牧的形式，飼養一種名為犛牛的牛科動物。居民會用犛牛載運貨物，食用犛牛的肉和奶，拿皮毛和骨頭來縫製衣服，打造住家，糞便則拿來當燃料，可說是完全物盡其用，一點也沒浪費。冬季時，牧民和犛牛會一起住在低海拔的區域，到夏季再移居到高海拔的地方，過著隨季節不斷遷移的生活。

在安地斯山脈上，居民飼養駱馬和羊駝。這兩種動物都是駱駝的近親。駱馬除了能載運物品，皮能做成皮製品，肉能食用，毛能編成繩子和編織品。除此之外，羊駝鬆軟的毛也能做成衣料。

海拔和家畜、作物的關係

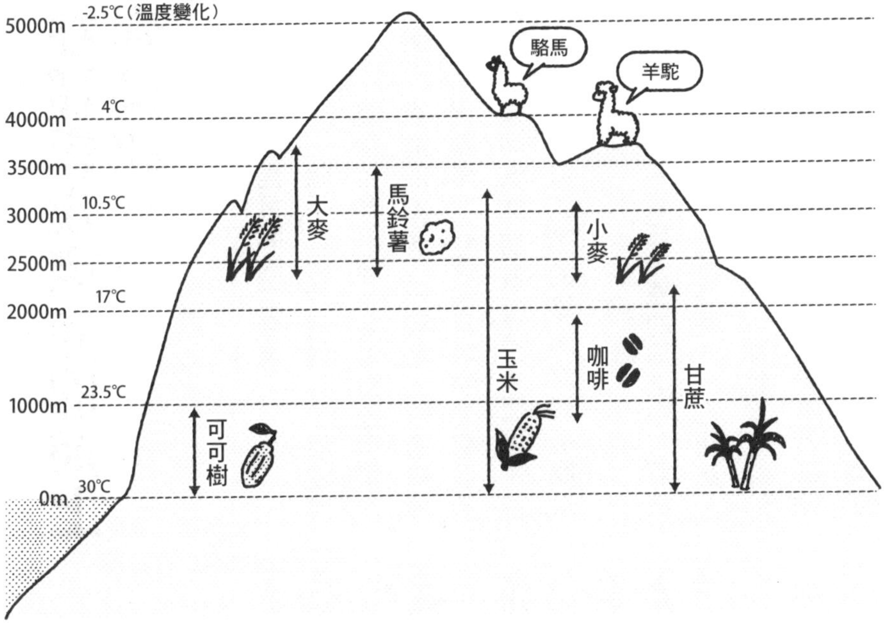

出處：《認識氣候帶！自然環境　④亞寒帶、高地氣候（暫譯）》高橋日出男（監修）、兒童俱樂部（著）、少年寫真新聞社出版

6 為何在鄂霍次克海的海上能看到流冰？

鄂霍次克海的流冰是世界最南端的流冰

所謂的流冰，是指在海上漂流的冰。流冰其實是冰凍的海水、河水和冰山（冰河和冰蓋流到海上後崩解而成）。

冰凍的海包括北極海和周邊海域，以及南極海。雖然這些地區都屬於寒帶，但在亞寒帶也有海水會冰凍的地方，比如被瑞典和芬蘭包圍的波羅的海，被阿拉斯加半島、堪察加半島和阿留申群島包圍的白令海。

除了這兩片海域外，鄂霍次克海也會結凍。北海道臨鄂霍次克海的沿岸，一到冬天就會有流冰靠岸。許多住日本的人都以為是因為北海道很冷，流冰才會來，但真正的原因沒有這麼單純。

其實在冰凍的海之中，鄂霍次克海的位置最南。仔細想想，以歐洲來說的話，鄂霍次克海的所在緯度大概在英國和法國附近，而且和鄂霍次克海同緯度的太平洋和日本海也不會結凍。既然如此，鄂霍次克海的海水又為何會結凍，讓我們能在北海道看到流冰呢？

在冬季時，來自西伯利亞高壓的季風會吹向鄂霍次克海，使海面容易變冷。海水有個特性，就是海面一旦冷卻，接近海面的水會變重並沉入海底，海底的水則上升到海面，接著又被冷空氣冷卻。當海中像這樣反覆進行對流，直到所有海水的溫度都降到低於攝氏零下1點8度後，對

鄂霍次克海流冰的原理

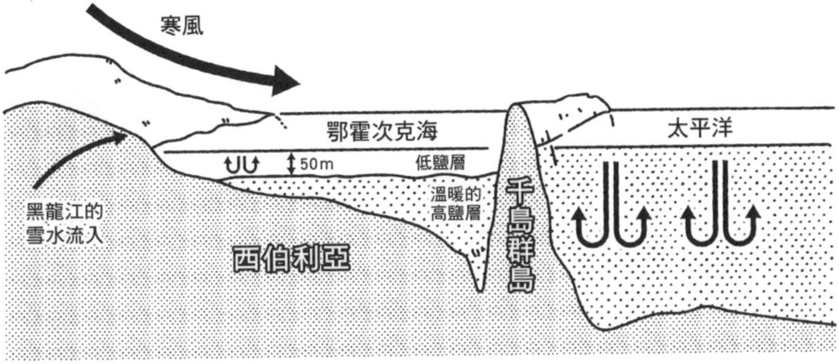

出處：參考北海道鄂霍次克流冰科學中心的網站繪製

流就會停止，海水也開始結冰。

鄂霍次克海因為有黑龍江的淡水注入，使海面下50公尺深的海水鹽分濃度都降低。也就是說，鄂霍次克海的海水分為兩層，一是從水面到水下50公尺的低鹽層，一是水深50公尺處下方的高鹽層。

高鹽層的海水較重，會下沉，不會和低鹽層的互相混合。這樣一來，鄂霍次克海就只有水深到50公尺的上層在反覆對流，所以海中的表層對流會很快就停止，開始結凍。至於太平洋和日本海，雖然那兩處的海水也會反覆對流，但因為深度更深，要結凍比較困難。

此外，鄂霍次克海還有個地形上的特徵，就是被堪察加半島和千島群島包圍，以至於太平洋和日本海的海水難以注入。

正因為是封閉的海，加上海流和風勢的幫助，才會讓鄂霍次克海結的冰能直接流到北海道。

7

亞寒帶的氣候災害

暴風雪充滿危險

在冬季到春季期間，每當發展旺盛的溫帶氣旋通過，就會吹起帶雪的強風，積雪也會被強風捲起。這種伴隨著狂風的降雪，稱為暴風雪。

暴風雪出現時，視野會變得一片白茫茫，讓人失去方向感。在暴風雪中行走容易迷路，引發失溫症，因而喪命的案例也不在少數。被捲起的積雪黏在電線上，有時會導致停電。

如果在開車時遇上，也可能因為視線不良引發車禍，或是車輛被風吹來的積雪卡住，動彈不得。萬一雪堵住排氣管，甚至可能造成一氧化碳中毒。

雪層滑落引發雪崩

在山坡等斜坡上，尤其是樹木少的滑雪場中，只要有積雪，雪就可能崩塌滑動。這就是雪崩。

雪崩分成兩種，分別為「表層雪崩」和「全層雪崩」。雪崩的威力取決於雪表面的高度，雪的密度和滑動速度。如果是高度和人車相仿的雪，每1平方公尺的撞擊力道相當於一台大卡車。萬一被捲入雪崩，就等於沒救了。

表層雪崩正如其名，是只有雪的表層在滑動的現象，容易出現在嚴寒的冬季。如果在舊的積雪上又覆蓋大量的新雪，新雪就會從舊雪的表面滑落。表層雪崩的速度為每秒30～50公尺，換算

雪崩的兩種類型

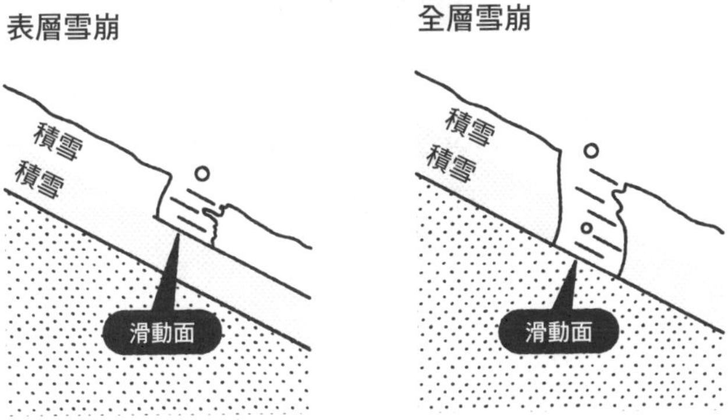

成時速就是每小時100～200公里，相當於高速公路或新幹線的車速度。由於沒有前兆，如果發生的地點很近，幾乎都來不及逃脫。

全層雪崩好發於初春，不過嚴冬期間如果有連續幾天都很溫暖或下雨，也很容易發生。全層雪崩即使速度不如表層雪崩，但也有每秒10～30公尺（時速40～100公里）的程度，跟開快車差不多。當積雪的表面出現大皺褶，或有雪塊崩落時，就是全層雪崩出現的前兆。這也是全層雪崩的特徵之一。

寒流來襲加拿大創下攝氏零下51度的紀錄

冬天不時有來自北方的寒流侵襲。這些寒流也會給日本帶來大雪。2021年12月26日，由於日本也受到冬季型氣壓分布的強烈影響，導致臨日本海區域出現厚達數十公分的積雪。剛好在同一天，加拿大西北部的Rabbit Kettle，也創下攝氏零下51點1度的低溫紀錄。當天氣冷到這種地步，皮膚只要暴露在空氣中幾分鐘，就可能凍傷。這真是令人無法想像的酷寒。

COLUMN

為何只有北半球有亞寒帶？

亞寒帶只存在於北半球。這是因為海洋在北半球所占的比例，與南半球的不同。

亞寒帶分布在緯度高於40度的區域。北半球在這一帶有很多陸地，但南半球的這一帶卻大多是海洋，幾乎沒有陸地。

當然南半球也有高於南緯40度的陸地，比如南美洲的南端，紐西蘭島，澳洲的塔斯馬尼亞島等等。這些地方都被海洋圍繞。陸地有溫度容易升降的特性，所以內陸在冬季會一下子變得很冷，但如果被海洋圍繞，就會受溫度不易升降的海水影響，即使到冬季也不至於太冷。因此除了南極大陸外，其他高於南緯40度的地區都屬於溫帶，而非亞寒帶。

塔斯馬尼亞惡魔（袋獾）

第8章

寒帶的氣候

寒帶是地球上最寒冷的區域。

幾乎一整年都冰天雪地。

環境十分嚴苛，不只人類，連動植物都難以生存。

1 寒帶的氣候分類

對動植物而言是難以生存的不毛之地

寒帶是緯度最高的地帶，在柯本氣候分類法中的定義是「最暖月均溫攝氏未滿10度」。由於嚴寒無比，能存活的植物非常稀少。在寒帶，土壤中的水分有時會結凍，這種土壤稱為「凍土」。如果連在夏季也不融化，就稱為「永凍土」。

寒帶氣候大致分為兩類，分別為「苔原氣候」和「冰原氣候」。

寒帶中相對溫暖的地方為苔原氣候，定義是「最熱月均溫高於攝氏0度，未滿攝氏10度」。在這個氣候區裡，只有夏季時會長出極少數的植物。

至於冰原氣候，定義是「最熱月均溫未滿攝氏0度」。在這個氣候區裡，幾乎一整年都冰天雪地。

寒帶的氣候分類

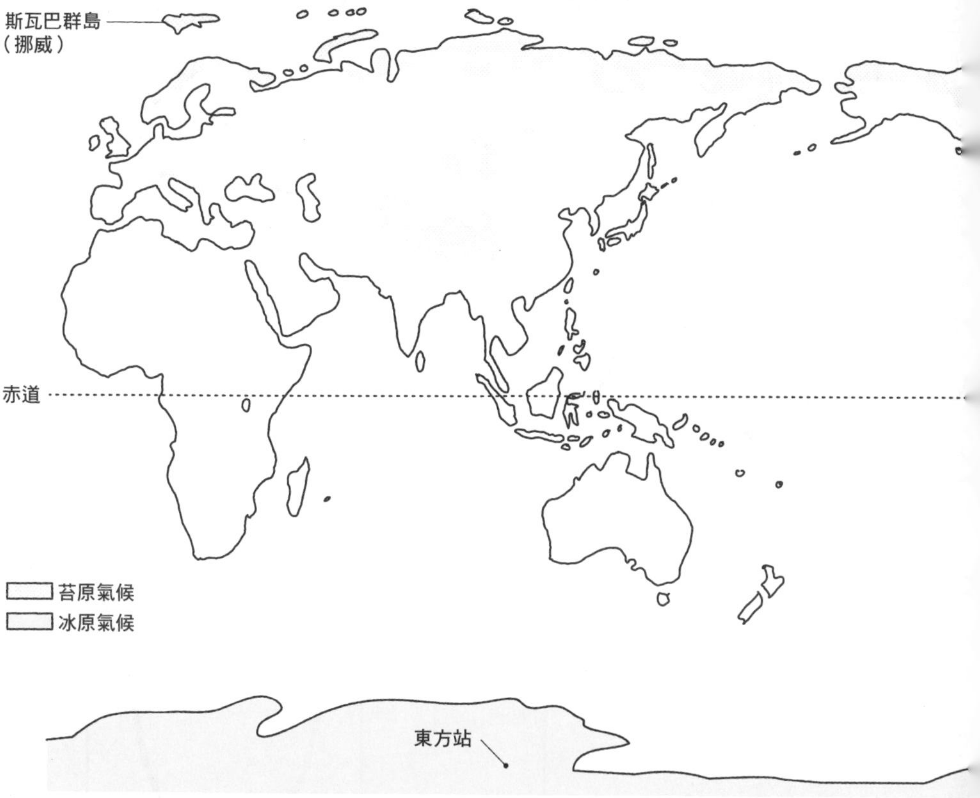

緯度高於66度的地方，在北半球稱為北極圈，在南半球稱為南極圈。在極圈中，夏季時不是日落後依然明亮，就是太陽根本不會下山。這種現象稱為永晝。到冬季時則恰好相反，太陽完全不會升起，變成永夜。

雖然寒帶基本上都屬於高緯度地區，但在柯本氣候分類法中，位於低緯度的高海拔地帶也會出現苔原氣候和冰原氣候。在第七章中，我曾介紹高地氣候，但因為不屬於柯本氣候分類法，導致高地氣候分布區和柯本氣候分類法的寒帶地區會有部分重疊。

寒帶主要地點的平均溫度和平均降水量

苔原氣候

斯瓦巴群島

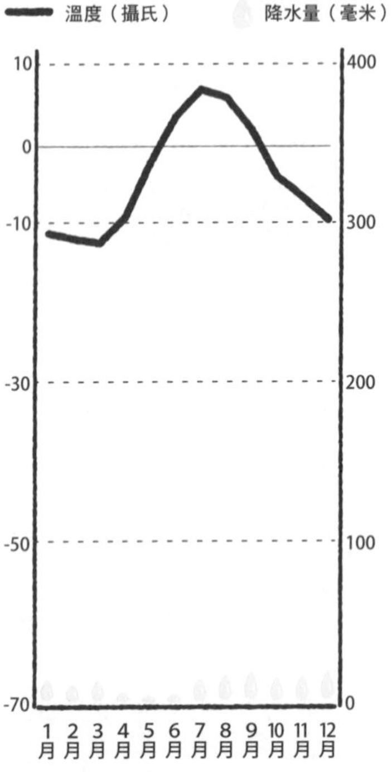

位於北緯約78度的群島，為挪威領土，分類上屬於苔原氣候。降水量比東方站略多，氣溫也較高。

冰原氣候

東方站

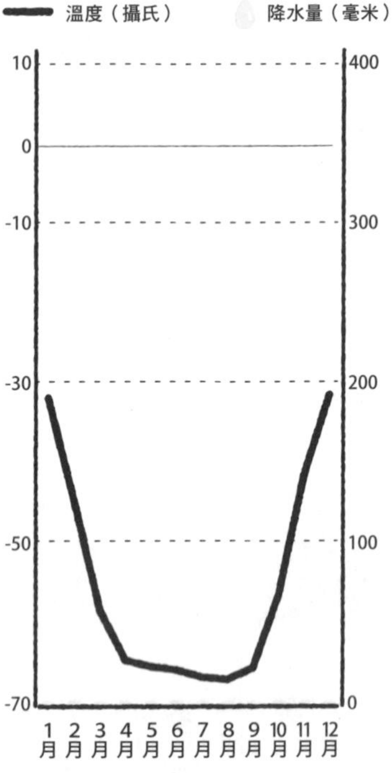

位於南極大陸的俄羅斯研究站，位置約為南緯78度，分類上屬於冰原氣候。由於地處南半球，溫度曲線的形狀和北半球的正好相反。

出處：參考日本氣象廳網站的資料繪製

2 寒帶的生態和產業

無法長出高大樹木的土地

在寒帶地區，由於地下存在永凍土，使得植物生長困難。但即使位處寒帶，苔原氣候區的冰雪會在短暫的夏季融化，永凍土的表層也會解凍。冰雪融化成的雪水不是蓄積在小河、湖泊和窪地等凹處，就是滲入泥土和岩石的縫隙中。植物會利用這些水分，並從夏季漫長白晝的陽光中獲取能量，開始繁衍後代。

在寒帶長不出高大的樹木，能存活的只有低矮的灌木、草和蘚苔。此外，這裡還有名為地衣的生物，是真菌和藻類的共生體。地衣的生存方式，是藻類寄居在真菌製造的軀殼和水分裡，真菌則在藻類行光合作用製造養分時分一杯羹，雙方各取所需。

在屬於冰原氣候的南極大陸和格陵蘭島上，整片大地都覆蓋著厚重的冰層。這種冰層稱為冰蓋，是未融化的殘雪在長年擠壓下形成的。由於積雪和空氣都會一起封入冰蓋裡，因此只要挖掘冰蓋進行調查，就能得知古代的大氣狀況。

有適應嚴寒的動物棲息於此

寒帶也有動物在此棲息。陸上的動物演化出適應嚴寒的身體，有的披上蓬鬆的皮毛，有的長出厚實的皮下脂肪。為了不讓熱量從體表流失，這裡的動物大多有個特徵，就是每單位體重所佔的體表面積很小。這類動物不是身形少有凹凸，就是體積龐大。因為光是身體變大，體表面積就會相對變小。

說到寒帶的代表動物，就是身體龐大的北極熊，以及耳朵又小又圓的北極狐。除了北極狐外，還有很多全身白毛的動物，像雪鴞、北極狼等等。如果是白色的外表，在冰雪覆蓋的土地上就不太顯眼，不但狩獵方便，也很難被敵人發現。基本上，陸地的動物大多棲息在較為溫暖的沿海地區，而非酷寒的內陸地帶。

寒帶的陸地雖然荒涼，海洋卻正好相反，是非常豐饒的地方。海中有豐富的浮游生物，也有很多魚貝類以此為食，而海豹、鯨魚、虎鯨、白鯨等動物，則靠食用魚貝類維生。此外，在南半球的寒帶還有企鵝。雖然植物稀少，但幸好有海洋帶來的恩惠，所以在寒帶動物中，肉食性動物的比例要高於草食性動物。

傳統上以放牧和狩獵為生

由於植物在寒帶難以生長，居民無法耕作田地，種植作物，所以傳統上都是靠放牧和狩獵維生。在苔原氣候區中，最主要是放牧馴鹿。馴鹿在夏季食用樹果，到冬季則改挖雪下的地衣和蘚苔來吃。

當地居民會食用馴鹿的肉，用毛皮做衣物和居家用品，把鹿角和鹿骨加工成道具來用。馴鹿為了覓食，會隨著季節移動數百至數千公里，因此居民也得配合馴鹿不斷遷徙。

除了馴鹿外，住在北極圈的原住民也會狩獵海豹和鯨魚，肉拿來吃，皮和骨拿來做住家和道具，從動物身上採集的脂肪，則拿來照明和當燃料。

寒帶的景觀

寒帶的想像圖。圖中描繪的動植物，並非存在於同一個大陸上。

3

北極圈和南極圈

圍繞北極海的北極圈

北緯66度33分以北的區域，稱為「北極圈」。北極點是在名為北極海的海域裡，四周被歐亞大陸和美洲大陸等陸地包圍。北極圈涵蓋到的國家，包括加拿大、美國、丹麥、挪威、俄羅斯、芬蘭、冰島、瑞典等八國。北極海除了夏季外，海水都會結冰。

近年來受地球暖化影響，冰的面積不斷縮小，生活在冰上的動物也逐漸失去棲身之地。不僅如此，苔原地帶的永凍土一旦解凍，土壤中的甲烷會釋放到大氣中。甲烷是溫室氣體之一，會讓地球暖化加劇，非常危險。

不過另一方面，北極海的冰融化後，北極海航線就能發揮比現在更大的作用，預計航行天數也能跟著減少。而且北極海解除冰封後，就能開發沉睡在海中的資源，或是拓展出新的漁場，充滿了可能性。

以南極大陸為中心的南極圈

比南緯60度更南的區域，稱為「南極地區」，比南緯66度50分更南的區域，稱為「南極圈」。南極圈的中心，是世界六大洲中第五大的南極洲。

南極沒有原住民。19世紀初期，有人發現南極洲附近的陸地。從那之後，有許多國家到此進行探險和科學考察。1911年，挪威籍探險家阿蒙森，達成人類初次抵達南極點的壯舉。

從19世紀到20世紀，隨著人類造訪南極的次數越來越頻繁，不論是南極附近的國家，還是去南極探險過的國家，都開始主張「南極有一部份是我國的領土」。

到了1959年，各國簽署了南極條約。條約中規定不能在南極洲進行戰爭、核子試驗，也不能宣稱是某國的領土。但另一方面，由於科學考察能自由進行，不受此限，國與國之間的互助合作變得很重要。

北極和南極哪邊比較寒冷

應該有很多人好奇北極和南極哪邊比較冷吧。雖然從陽光的照射方式來看，南北極的溫度應該相同，但南極的氣溫其實遠低於北極。

北極的斯瓦巴群島（北緯78度25分）的年均溫，是攝氏零下3點9度，但南極洲的東方站（南緯78度46分）的年均溫，卻是攝氏零下54點6度。

兩邊的溫度為何差距如此之大？這是因為北極圈大部分是海，南極圈大部分是大陸。

海水有溫度不易升降的特性，所以和陸地相比，北極海要降溫比較難，不至於變太冷。另一方面，南極洲是陸地，溫度會隨著輻射冷卻不斷下降，加上南極洲覆蓋著厚重的冰層，海拔也很高。北極海的冰層厚度頂多10公尺，但南極洲的平均高度卻是2500公尺。南極的最高處是文森山，海拔4892公尺，比富士山還高上1000公尺。

不但是陸地，海拔又高，也難怪南極的溫度會比北極低。

北極圈和南極圈

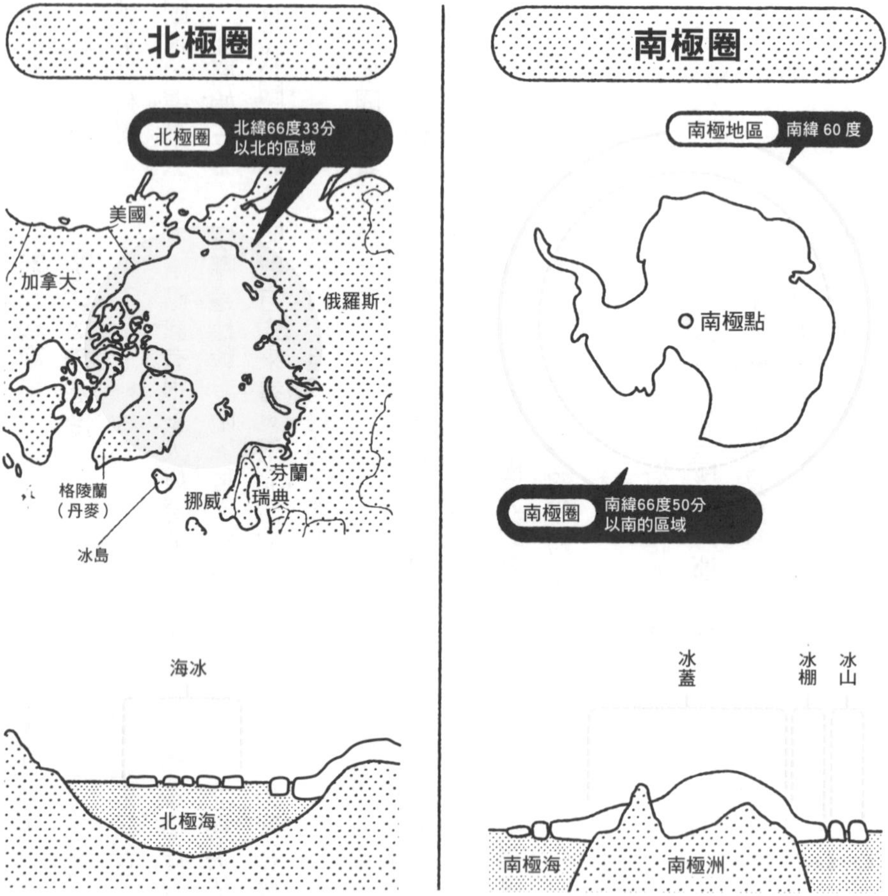

出處：參考日本環境省、外務省網站繪製

4 南極的生活

有各種研究站，進行各項研究

南極有各國的研究站。這些研究站會針對宇宙、氣象和生物進行調查，彼此交換情報。日本也擁有4個研究站，分別為昭和站、瑞穗站、飛鳥站和富士冰穹站。

昭和站於1957年成立，是年代最久的研究站，所在位置也是日本所有研究站中最溫暖的，所以成為日本在南極進行研究的主要根據地。這裡不但有超過60棟建築物，還有觀測和通訊用的天線，燃料油儲存槽和發電設備。

富士冰穹站距離昭和站約1000公里，處於最內陸的位置，年均溫低於攝氏零下50度，環境條件十分嚴苛。這裡成立於1995年，算是最新的研究站，主要當成挖掘冰蓋深處的據點。除了有9棟建築物，也有設置通訊用天線和觀測設施。由於位在南緯77度10分，緯度非常高，因此有長達4個月的永夜。目前這裡沒有全年駐守的人員。

瑞穗站於1970年成立，目前為無人研究站，是通向內陸的中繼站。

飛鳥站於1985年成立，目前關閉中。

善用有限資源的南極生活

日本的南極考察團分為兩種，一種是只在南極的夏季待3

南極の基地

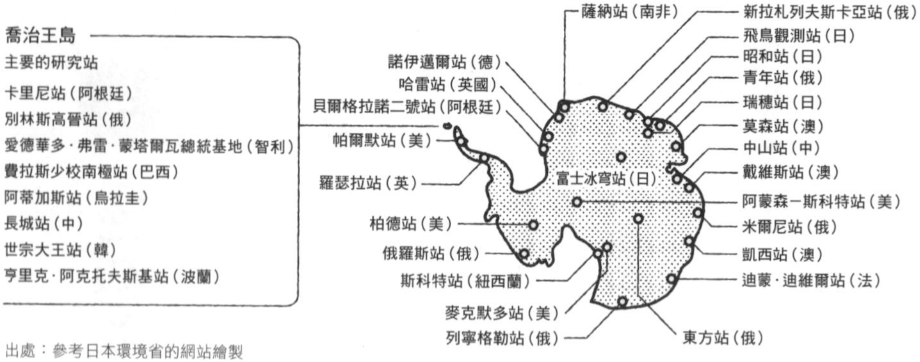

出處：參考日本環境省的網站繪製

個月的夏季組，另一種則是全年駐守在南極的越冬組。團員會乘坐破冰船「白瀨號」，經過一個半月的航行抵達南極。

南極考察團的團員，由各行各業的專家所組成。除了進行研究的學者外，還有設置和維修研究站設備的人員，保養車輛和機械的人員，進行通訊的人員，以及負責醫療和伙食，為所有團員的生活提供支援的人員。

在南極都是拿雪水當飲用水和生活用水。伙食由專業的廚師負責烹調。他們會充分利用從日本帶來的食材，做出美味可口的料理。新鮮蔬菜在南極非常貴重，所以團員會在室內種植蔬菜。由於氣溫低，體力勞動又很消耗熱量，因此提供的料理都份量很大。

在南極產生的垃圾，規定必須全部帶回國處理。至於廁所內的排泄物，除了用微生物分解外，就是燒成炭帶回日本。

雖然南極非常寒冷，但南極考察團的團員在過冬時卻不會感冒。根據推測，這可能是因為這裡人數有限，只有幾十人在封閉的環境中生活，團員之間都傳播相同的病毒，身體自然會有免疫力。但冬季結束後，將有新團員和「白瀨號」的船員抵達，帶來新的病毒，於是團員們就開始出現感冒的症狀。從這一點就能得知，光是寒冷並不足以讓人感冒。

5 冰河是什麼？

緩緩前進的冰之川

冰河是高緯度地區和高山會出現的冰之川。這些地方因為積雪量比融雪量多，雪越積越厚，下方的雪被壓扁，雪的結晶就結合成冰。這些冰沿著斜坡往下滑動，成為冰河。冰河的流速比一般河流慢，一天只能推進數十公分到數公尺不等。

一般河流的水會削切岩石，形成山谷。河水切出的山谷，橫切面呈V字型，稱為「V型谷」。另一方面，冰河流動削切岩石時，削出的谷壁比河水切出的更接近垂直，谷底也較平坦，橫切面類似U字型，因此稱為「U型谷」。經過漫長的歲月後，U型谷會沉入海中，海水流進谷底，形成大型船隻也能停泊的深水海灣。這種海灣稱為峽灣，在格陵蘭和北歐等地十分常見。

而在日本，也能看到冰河期的冰河刨挖地層的痕跡。這種碗型的地形稱為冰斗。位於長野縣的千疊敷冰斗，是只要乘坐纜車就能輕鬆造訪的著名景點。

峽灣示意圖

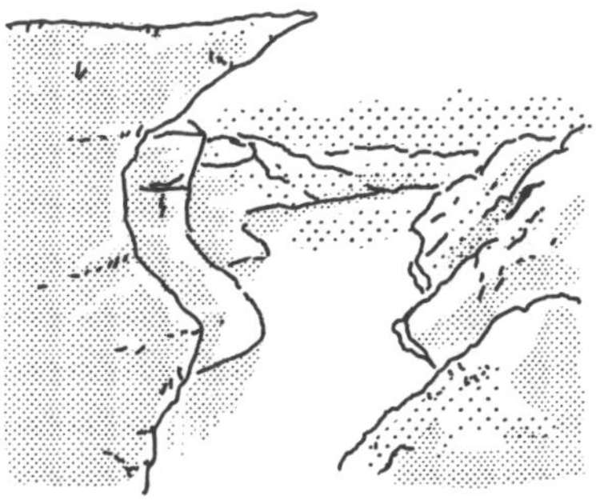

6 會在極地看到的現象

寒冷至極的暴風雪

在南極，不時會吹起非常寒冷的風。由於輻射冷卻的關係，南極洲的地表蓄積了非常冰冷的空氣，形成高氣壓。風會以高氣壓為中心吹向四周。南極洲的地形像倒扣的碗，所以來自大陸中心的風會從高處吹向低處，也就是所謂的下坡風。

如果下坡風變強，把地面的積雪吹得滿天飛舞，就被稱為「暴風雪」。要是出現風速達每秒25公尺以上的強烈暴風雪，能見度會連1公尺都不到。這時萬一不慎外出，很可能會回不了屋內，甚至喪命。

美麗的天際簾幕 極光

在北極圈和南極洲會出現極光，看起來就像發光的簾幕在天際搖盪，感覺如夢似幻。

這是地球自帶的磁力所引起的現象。當我們拿著磁鐵時，N極指向北方，S極指向南方。這是因為地球本身就是巨大的磁鐵，因此北極的磁性是S極，南極的磁性是N極。

太陽表面偶爾會爆發，讓電子和質子等帶電粒子飛來地球。這些粒子會被地球的N極和S極吸過去。當帶電粒子撞擊氮氣和氧氣等氣體粒子時，就會發光。這就是極光形成的原理。

在北海道的北方，偶爾也能看到極光。高緯度地區常見的極光，是從綠漸層到紅的簾幕狀光

極光的原理

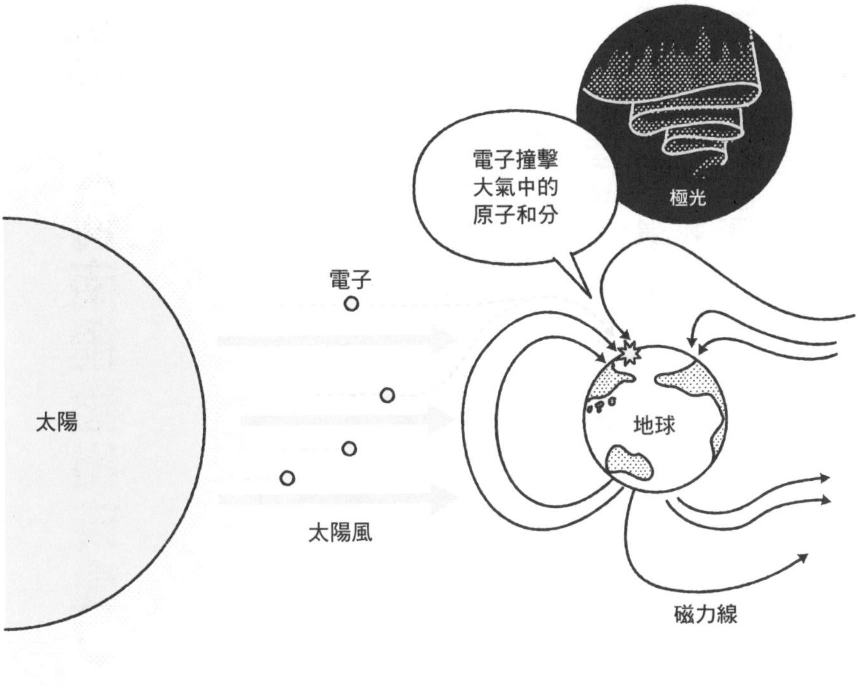

出處：參考日本環境省的網站繪製

暈，但北海道的極光只能看到上方的紅色部分，就像天空稍微染上紅暈一樣。這種極光稱為低緯度極光。

7 為何南極會出現臭氧層破洞？

臭氧層破洞是臭氧量變得極少的現象

空氣中的氟氯碳化合物，會對高度25公里附近的平流層的臭氧層造成破壞，造成很多有害紫外線沒被吸收，直接照射地表。從1980年代開始，這現象就成為一大問題。雖然目前臭氧減少的情況已經停止，但大氣中的臭氧量依舊處於缺乏的狀態。

臭氧層破洞最初是在1980年代初期發現。至於發現的契機，是日本氣象廳在昭和站進行研究時，發現當地上空的臭氧量到春季會變得極少。由於臭氧量少到像臭氧層破了個大洞，所以才稱為臭氧層破洞。

臭氧層破洞會在8～9月，也就是南半球的冬季出現，11～12月時又會消失。由於臭氧層破洞出現在南極，造成地球的臭氧量在南半球的量比較少。至於臭氧量最多的地方，則是北半球的鄂霍次克海一帶。

南半球的澳洲因為受到強烈的紫外線照射，政府機關很早就開始推行對紫外線的防護措施，防曬的觀念也已經深植國民心中。許多學校都規定學生必須戴帽子才能去室外玩，政府也鼓勵民眾穿著長袖衣物和戴太陽眼鏡。官方機構為衣物制定抗紫外線係數的標準，標籤上也得標示抗紫外線係數。除此之外，澳洲氣象局還會提供紫外線指數的預報。

是南極平流層產生的雲造成了臭氧層破洞

臭氧層破洞為何出現在南極，而非北極呢？這和南極的氣候條件有很大的關係。

南極在冬季會持續永夜，讓平流層的溫度降得非常低。這樣一來，南極上空就會出現大規模的低溫氣旋，稱為極地渦旋。

平流層通常不會產生雲，但極地渦旋溫度極低，因而產生一種特殊的雲，稱為極地平流層雲。這種雲也稱為珠母雲，從地面上看會發出珍珠般的乳白色光澤。但到了春季，當太陽的紫外線照射珠母雲時，就會引發化學反應，讓氟氯碳化合物產生氯氣，對臭氧層造成破壞。

雖然北極也會產生極地渦旋，但南極屬於內陸，不易受到海洋影響，產生的渦旋也更穩定，所以南極上空才會形成臭氧層破洞。

臭氧層的破壞

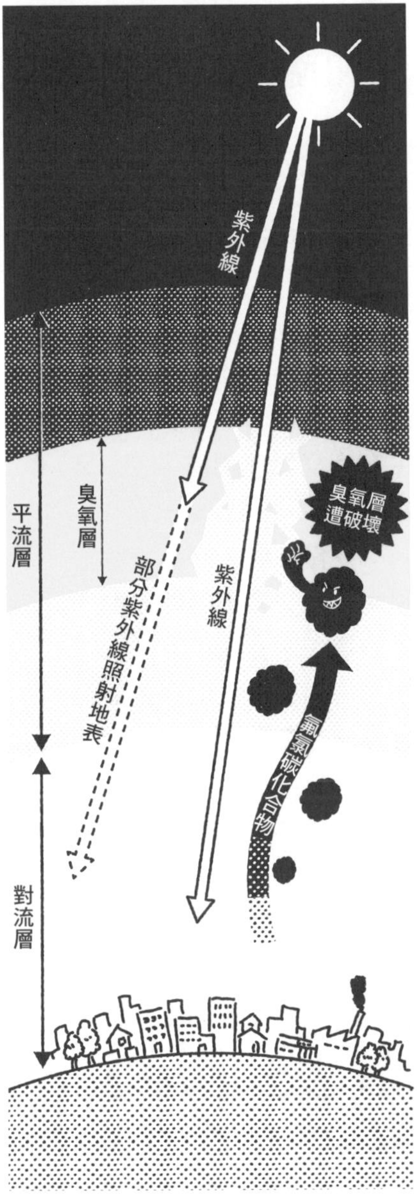

COLUMN

會移動的北極點和南極點

不用多說也知道，北極點和南極點就是地球的自轉軸和地面相交的部分。但令人意外的是，南北極點其實會移動。至於為何會移動，是因為地球上的水會流動。地球是以地軸為中心，如陀螺般自轉，但如果地表上的冰融成水，流動到別處，就會改變地球的重量平衡。這樣一來，自轉軸自然也會跟著移動。

現在有學說開始主張，北極點和南極點的移動，可能也對氣候變遷造成影響。北極和南極的冰層融解，以及乾旱日益嚴重，導致地下水消失，都被認為是原因之一。此外，人類為了農業和工業需求抽取地下水，也是地下水消失的原因。根據推測，自1980年代後，北極點和南極點已偏移了4公尺左右。

不僅如此，無論是地軸和南極洲交會出的南極點，還是讓指南針往正下方指向S極的南磁極，位置也都開始偏移。南磁極正以一年10公里的速度持續偏移中，目前已移到南極洲的外海了。

第9章

氣候異常與地球暖化

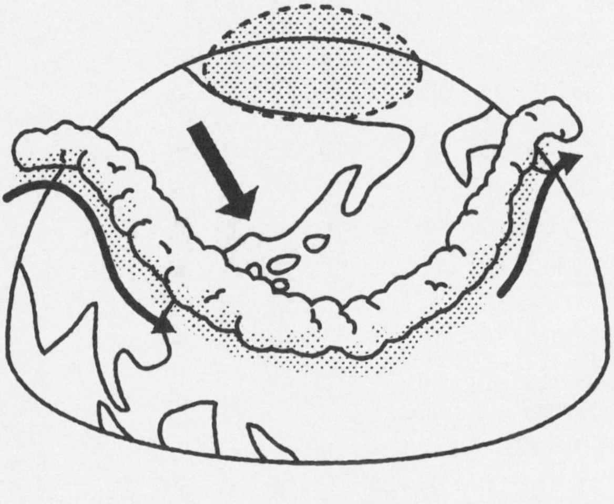

即使長年住在同一地，也會遇到幾乎不下雨的年分，
或是下雨下不停的年分。
有時候，甚至會被破紀錄的酷暑和寒流所侵襲。
像這樣的氣候異常，究竟是在什麼機制下產生的？
近年來成為問題的全球暖化現象，
也將在本章中一併解說。

1 氣候異常的原因 ～聖嬰現象～

氣候異常和地球暖化不一定能畫上等號

在這一章裡，我會針對氣候異常和地球暖化進行解說。有時候夏季會一直異常炎熱，有時候雨不是下個沒完，就是幾乎不下——一旦發生這種與常態明顯不同的現象，就稱為氣候異常。原則上，日本氣象廳對氣候異常的定義是「某地點（區域）在某時期（週、月、季節）中，發生最近30年來只出現過1次以下的現象」。

每當出現氣候異常時，一定都有人說：「天氣會變奇怪，都是地球暖化害的！」但這兩者的因果關係，其實不能這麼一概而論。

所謂的氣候異常，大部分都是因為西風帶一直偏離平常的位置，或是熱帶地區的大氣對流發生在與平常不同的地方。這並沒有脫離地球上大自然運作的範疇。

話雖如此，在「政府間氣候變化專門委員會（IPCC）」於2021年發表的第6次評估綜合報告中，依然提出以下的見解：「地球溫度持續上升的原因，無疑就是溫室氣體。大氣中溫室氣體的濃度上升，無疑就是人類的活動所引起的。」地球暖化的影響，的確可能讓溫度變得比以往高，或是改變大氣環流，使異常氣候更常出現。

但無論如何，某種異常氣候是否因地球暖化的影響而出現，在未經過徹底調查前，是無法判定的。

南美祕魯海岸的海面水溫上升

在引發氣候異常的原因中，最廣為人知的要屬「聖嬰現象」。聖嬰現象每隔數年會出現一次，讓太平洋東部的赤道附近，也就是祕魯海岸的海面水溫升得比平常高，而且這種狀態還會持續一年。但另一方面，水溫一直比往年低的情形也會出現，稱為「反聖嬰現象（拉尼娜現象）」。聖嬰現象和反聖嬰現象，都會以數年為間隔輪流出現。

那麼，為何赤道附近的海面

聖嬰、反聖嬰現象的原理

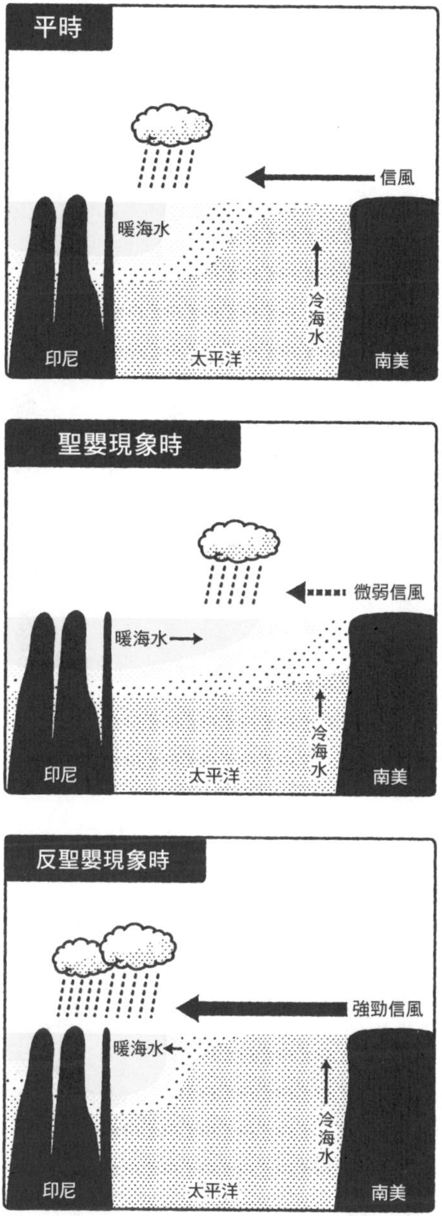

出處：參考日本氣象廳的網站繪製

水溫，會一下高於平常高，一下低於平常呢？

這跟赤道附近的信風（東風）會定期地變強、變弱有關。

當信風把海面附近的溫暖海水吹往西方，冰冷海水就會從深海湧上來，填補溫暖海水留下的空缺。近赤道的太平洋東側雖然緯度低，海面水溫卻偏冷。

這時候要是信風變得比往年弱，就很難把溫暖海水吹到西方，深海的冰冷海水也很難湧上來，海面水溫就會上升。

反之，如果信風比往年強，就會把溫暖的海水吹到更遙遠的西方，從深海中湧上的冰冷海水也更多，海面的水溫就會下降。

為何赤道附近的海面水溫會影響日本的氣象？

當海面水溫比往年升高或降低時，為何會出現氣候異常呢？

首先，海面水溫一高，海水就會蒸發旺盛，導致上空容易產生積雨雲，積雨雲會降雨。而海面水溫低時，情況則恰好相反。

一般來說，積雨雲會在太平洋西側的印尼附近頻繁產生。不過如果發生聖嬰現象，祕魯海岸的海面水溫會升高，讓這一帶容易出現積雨雲。如果是反聖嬰現象，積雨雲容易生成的位置會變得更西邊。也就是說，雨很可能會下在和平常不同的地方。

當聖嬰現象發生時，日本就容易遇上冷夏和暖冬，到反聖嬰現象時則正好相反，容易遇上酷暑和嚴冬。但發生在熱帶的現象，為何連日本也會受到影響？

這是因為水氣在變成水形成雲的過程中，會把熱能釋放到周圍。這些熱能會產生規模龐大，波長可達數千公里的大氣波。高氣壓和低氣壓會隨著大氣波交互形成，所以連遠方的天氣都影響得到。這稱為遙相關。

聖嬰、反聖嬰現象是如何對日本的氣候造成影響？

聖嬰現象對氣候的影響

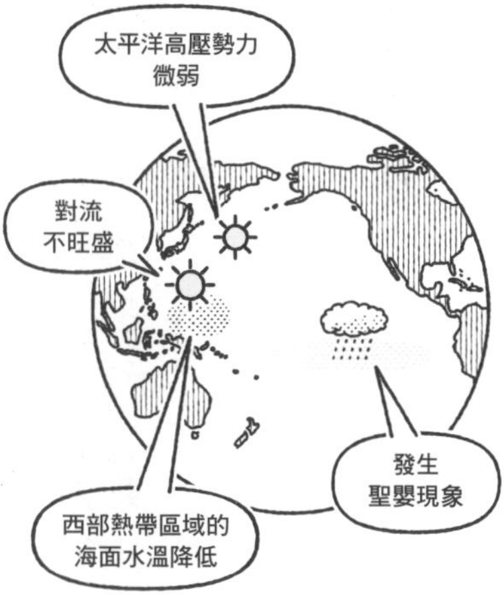

〔夏季〕→變成冷夏

〔冬季〕→變成暖冬

反聖嬰現象對氣候的影響

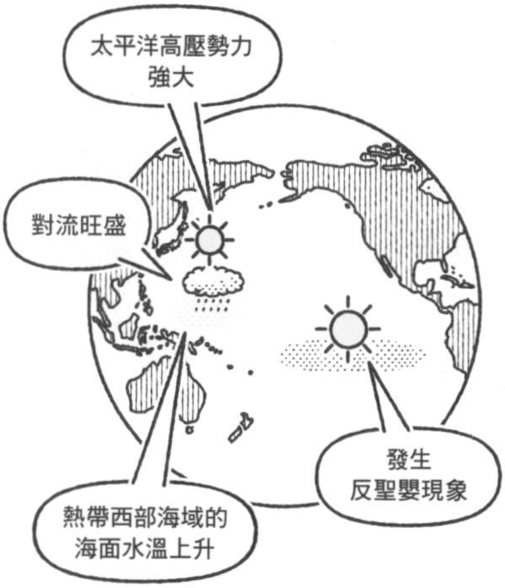

〔夏季〕→變成酷暑

〔冬季〕→變成嚴冬

出處：參考日本氣象廳的網站繪製

2

氣候異常的原因 ～印度洋的變動

印度洋也會出現類似聖嬰現象的現象

太平洋東部的赤道海域，會發生海面水溫每隔數年就變動的聖嬰、反聖嬰現象，而在印度洋也會出現類似的現象。這種現象稱為印度洋偶極現象，大都發生在6～11月。如果度洋熱帶海域的海面水溫，是東南部比平常低，西部比平常高時，稱為印度洋正偶極現象。如果情況相反，則稱為印度洋負偶極現象。發生印度洋正偶極現象時，青藏高壓勢力會往東北方擴張，容易讓日本的夏季陷入酷暑。另一方面，發生印度洋負偶極現象時，對日本的氣候倒是沒有明顯的影響。

印度洋也會受聖嬰現象牽連發生變動

在最近的研究中，已經得知印度洋的熱帶海域會隨著聖嬰、反聖嬰現象發生變動。印度洋上

印度洋正偶極現象對日本氣候造成的影響

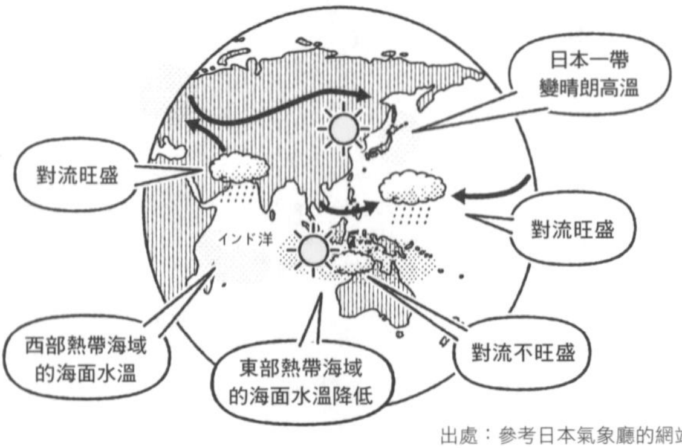

出處：參考日本氣象廳的網站繪製

平時是吹微弱的西風，把溫暖的海水吹到東側，讓溫暖海水層稍微變厚。當聖嬰現象發生時，印度洋上也會吹起微弱的東風，讓溫暖的表層海水擴散到西側。但反聖嬰現象時剛好相反，印度洋上的西風增強，把溫暖的表層海水會吹往東側。

這種太平洋的變動，大約會在聖嬰、反聖嬰現象出現後又過三個月才發生。聖嬰現象通常是冬季最明顯，到夏季就會衰退，但聖嬰現象衰退後，日本的夏天容易變成冷夏。這可能是因為伴隨著聖嬰現象發生的印度洋變動，產生了遙相關。

伴隨聖嬰、反聖嬰現象發生的印度洋變動的原理

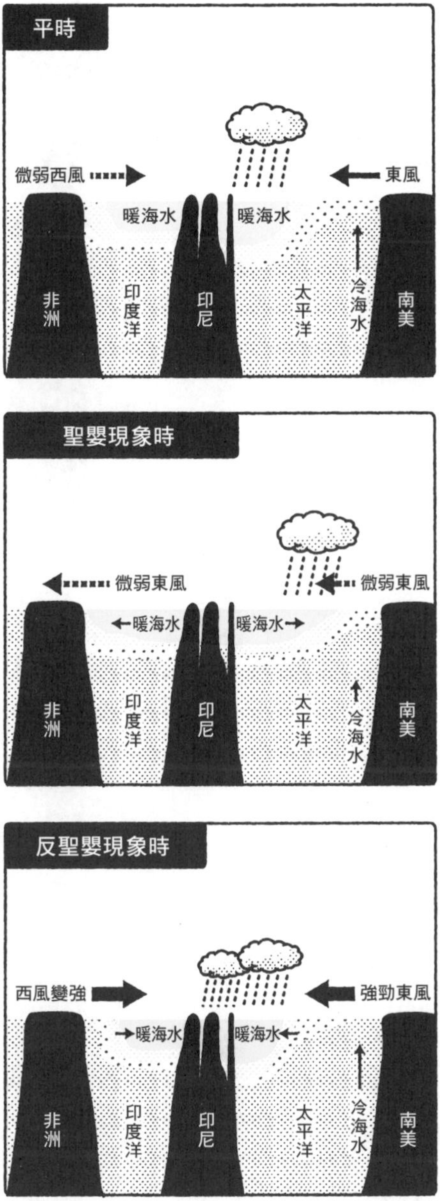

出處：參考日本氣象廳的網站製作

3

氣候異常的原因 ～北極震盪～

北極的冷空氣也會對日本造成影響

雖然聖嬰、反聖嬰現象和印度洋偶極現象，都是在熱帶地區出現的現象，但北極的氣候現象其實也會為日本帶來異常氣候。

這種現象稱為北極振盪（Arctic Oscillation，簡稱ＡＯ），是1998年才提出的學說，算是比較近期的發現。所謂的北極振盪，是指北極和中緯度的氣壓像翹翹板一樣上下變動的現象。這現象會讓北極圈不斷重複蓄積和釋放冷空氣。日本的冬季受北極振盪的影響，有時變成比往年更嚴寒的冬天（寒冬），有時變成暖冬。

北極振盪又分成兩種。當北極大氣的下層氣壓低於往年的平均值時，稱為「正北極振盪」，高於平均值時，則稱為「負北極振盪」。

正北極振盪時，由於阿留申低壓減弱，來自西伯利亞高壓的冷氣團也會變弱，讓日本迎來暖冬。另一方面，歐洲的冰島低壓會增強，讓格陵蘭以東的格陵蘭海和巴倫支海吹起強勁南風，海冰也跟著減少。而相對地，格陵蘭和加拿大之間的拉布拉多海上會吹起強勁北風，海冰也跟著增加。負北極振盪時，則會出現與上述完全相反的現象，日本也容易陷入寒冬。

據推測，冬季時在北極圈上空不斷迴轉的極地渦旋的強弱，跟北極振盪應該有關。正北極振盪時，極地渦旋容易朝東西向

北極振盪的原理

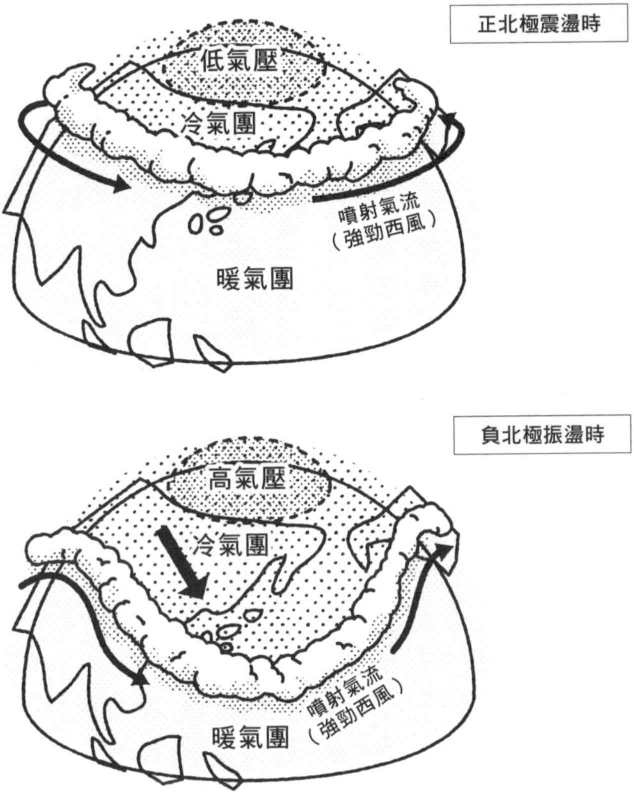

吹，導致北極的冷氣團難以南下，使日本等中緯度地區容易變暖冬。另一方面，在負北極振盪時，極地渦旋容易朝南北向蛇行，導致北極的冷氣團得以經過日本等中緯度地區，使日本附近容易變寒冬。

在本章的開頭，我曾說過氣候異常和地球暖化不一定能畫上等號。不過在北極振盪方面，近年來正北極振盪出現機率偏高，很可能就是受到地球暖化的影響。

4 氣候異常的原因 ～西風帶蛇行～

西風帶的蛇行方式關係到酷暑和寒冬

在第1章解說大氣環流的圖上也能看到，中緯度一帶的上空有西風帶經過。

春季和秋季的移動性反氣旋和颱風，都是隨著西風帶移動的。不過西風帶並非由西往東筆直地吹，而是蛇行前進。西風帶會透過蛇行，把高緯度的冷空氣帶到低緯度，低緯度的暖空氣帶到高緯度。蛇行的幅度一旦變大，就能把暖氣團和冷氣團送到更遠的地方。

而且，蛇行有好幾種模式。比如夏季在中東附近開始蛇行的「絲路模式」，只要出現就常讓日本一帶陷入酷暑。此外，如果出現蛇行在冬季的西北太平洋上異常增強的「西太平洋（WP）」模式，日本一帶就容易遇上寒流。

阻塞高氣壓也是氣候異常的原因

西風帶在北半球北上時，旋轉的方向會變成順時針，因而產生有高壓性質的風。到了南下時，旋轉方向又變成順時針方向，因而產生有低壓性質的風。

如果西風帶的蛇行非常旺盛，因蛇行而生的順時針旋風也會變旺盛，有時甚至會從蛇行中脫離，自體旋轉，並在原地形成高壓，開始滯留。

阻塞現象

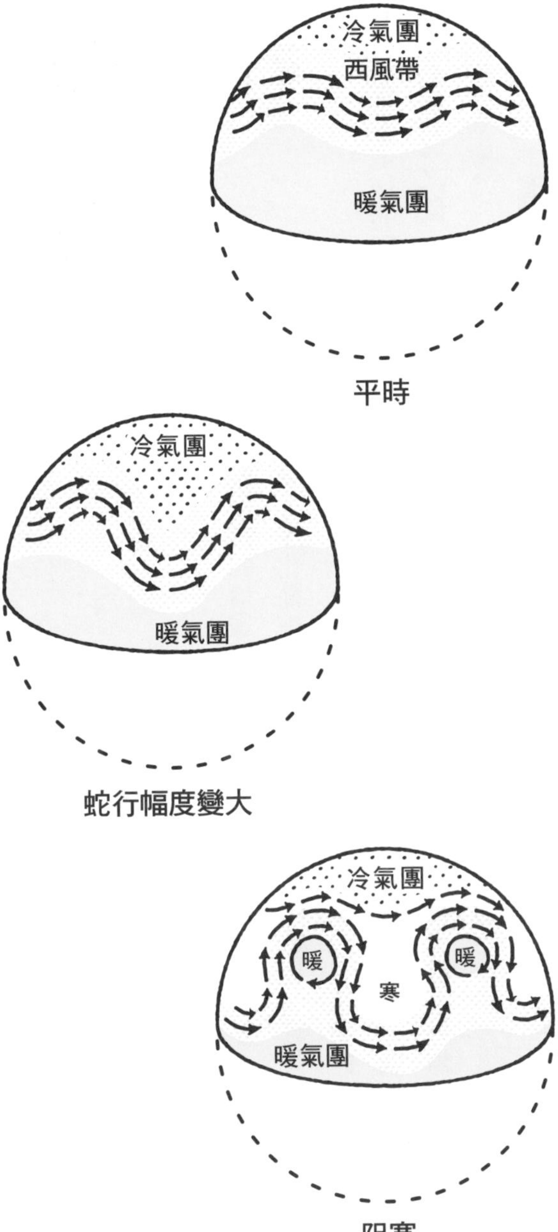

這種情形稱為阻塞，因阻塞產生的高壓，則稱為阻塞高氣壓。阻塞高氣壓的半徑通常大約5000公里，非常龐大，所以不會受西風帶流動的影響，能長時間滯留原地。如此一來，乘著西風帶移動的高壓和低壓就會行動受阻，讓天氣狀態保持固定，不是連續多日晴天，就是雨雪下個沒完，持續天數異常的多。這樣就算是氣候異常。

5

地球暖化

暖化的原因是溫室氣體

自遠古以來，地球的氣候就一直在暖化和寒化之間反覆搖擺。有些時代非常寒冷，冰天雪地的區域比現代大，有些時代卻十分溫暖，連高緯度的海裡都有珊瑚棲息。

近年來，地球的整體溫度呈現上升的趨勢，其原因之一就是人類製造出的溫室氣體。人類的活動產生溫室氣體，導致氣溫上升，就是所謂的地球暖化。

因地球暖化而被視為問題的溫室氣體，是指大氣中包含的二氧化碳、甲烷和水蒸氣。那溫室效應究竟又是什麼呢？

首先，我就從覆蓋著透明玻璃或塑膠布的溫室結構說起。溫室沒有開暖氣，卻比室外溫暖。這是因為來自地表的熱能（紅外線）不但無法離開室內，還會被玻璃反射，再次回到地面。

照理來說，地球會從太陽接收到紫外線、可見光、紅外線等波長各異的能量，並同時朝宇宙釋放出等量的紅外線。如果地面和天空隔著透明的玻璃，陽光會直接穿過玻璃，為地面加溫，但地面釋出的紅外線卻會被玻璃反彈，射回地面。這些紅外線又為地面額外加溫，所以溫室裡才會變得暖熱。溫室氣體所扮演的，就是跟玻璃一樣的角色。

在提到地球暖化的問題時，溫室氣體似乎成了壞人，但地球之所以成為充滿生命的星球，這些氣體其實也功不可沒。

溫室效應的原理

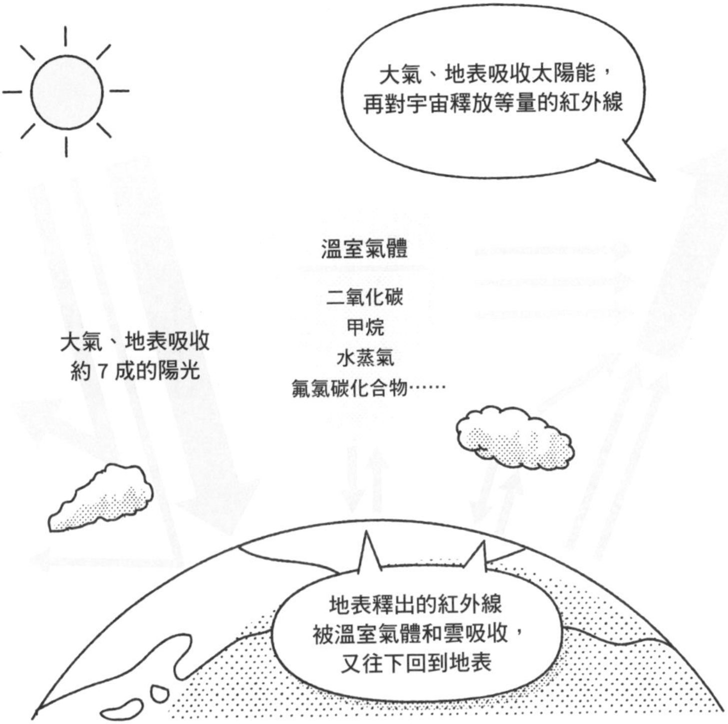
大氣、地表吸收太陽能，
再對宇宙釋放等量的紅外線
溫室氣體
二氧化碳
甲烷
水蒸氣
氟氯碳化合物……
大氣、地表吸收
約 7 成的陽光
地表釋出的紅外線
被溫室氣體和雲吸收，
又往下回到地表

出處：參考日本氣象廳的網站製作

如果沒有溫室氣體，地球的平均溫度會降到攝氏零下19度，和南極昭和站的冬季均溫幾乎相同。也就是說，地球要是少了溫室氣體，就會變得跟植物幾乎無法生長的冰原氣候一樣。不過多虧有溫室氣體，讓地球的年均溫得以維持在攝氏14度左右。由此可以得知，溫室氣體對地球是非常重要的。

既然如此，地球暖化又為何成為一大問題？這都是人類的活動惹的禍。從工業革命以後，人類開始燃燒石油、煤炭等化石燃料，用來驅動火車、汽車、工廠的機械等設備，使產業蓬勃發展。但就是這種行為，導致溫室氣體之一的二氧化碳大量增加，

櫻花開花日的變化

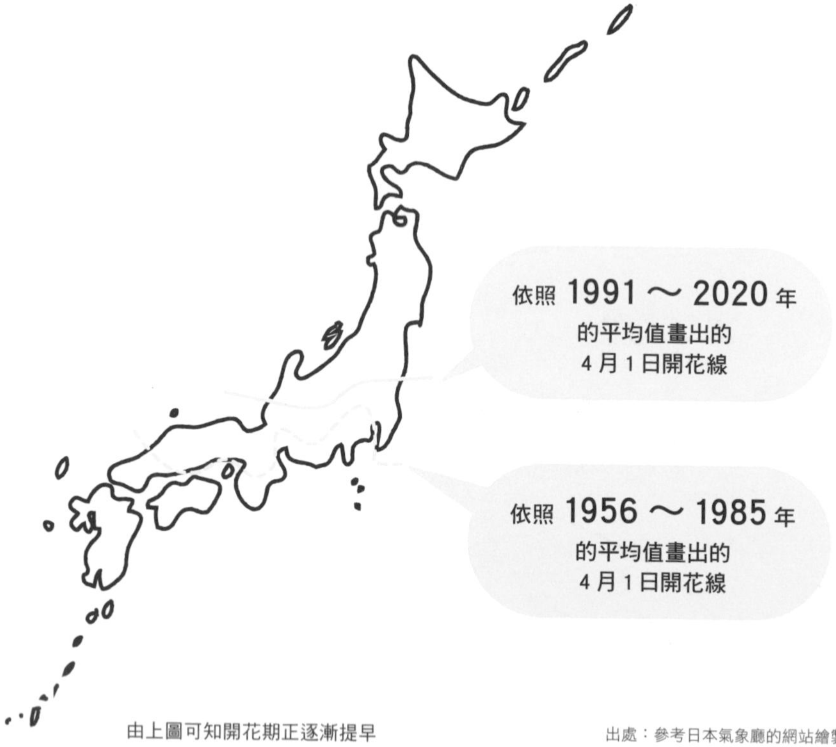

由上圖可知開花期正逐漸提早

出處：參考日本氣象廳的網站繪製

跟工業革命前的1750年相比，足足上升了40％。

但溫室氣體產生的原因，並非只有工業。人類為了得到充足的糧食，會砍伐森林，進行農耕和畜牧，但這種行為也會製造溫室氣體。不但能吸收二氧化碳的森林減少，水田也會產生甲烷，甚至連牛等牲畜打嗝的氣體裡，也包含了甲烷。雖然甲烷在大氣中的佔比低於二氧化碳，但引發的溫室效應卻是後者的20倍之多。

地球暖化
為地球帶來的災變

地球暖化的起因是人類的活

動，所以世界各國正齊心協力，試圖減少大氣中的溫室氣體。然而在政策上卻遲遲未有進展，溫室氣體的濃度依然有增無減。

在東京，最高氣溫高於攝氏30度的酷暑日的歷年（1991～2020年）平均天數是52點1天。要是再這樣放任下去，到了21世紀末，預計東日本臨太平洋側的酷暑日會增加46點7～63點3天（參考2017年氣象廳發行的《地球暖化預測報告　第9輯》）。換句話說，東京一年之中將有三分之一是酷暑日。而且隨著氣溫上升，下大雨的機率也會增加，對氣候造成的影響更令人堪憂。

除此之外，各國也會面臨海平面上升的危機。大氣變暖熱，代表海水溫度會上升。水溫一上升，海水體積就會增加，讓海面上升。而且根據預測，如果氣溫之後也持續攀升，南極的冰層將會融化，讓海面上升的幅度更大。這樣一來，低海拔地區居民的生活就會受到威脅。

除此之外，氣溫升高也會讓動植物產生變化。因為高溫，將有越來越多動植物無法在現在的環境生存。原本棲息在較冷區域的動物，將會被迫遷徙到高緯度地區。至於已經棲息在高山上的動物，則會被逼到走投無路，數量也可能銳減。高溫也會導致農作物無法順利生長，居民必須轉移到緯度更高的區域耕作。

COLUMN

諾貝爾物理學得獎者
真鍋博士的大氣海洋耦合模型

2021年10月，美國普林斯頓大學的真鍋淑郎博士及其團隊，榮獲諾貝爾物理獎。真鍋博士於1960年代建構大氣海洋耦合模型，用來表示大氣中二氧化碳濃度增加和氣溫上升之間的關聯性。

由於從未有過氣象學理論獲得諾貝爾物理獎的前例，所以氣象學學者們看到得獎新聞時都感到震驚。不過一般普遍認為，此舉也代表地球暖化已嚴重到無法忽視的地步。

真鍋博士所建構的大氣海洋耦合模型，是一種把大氣和海水相互交換熱能和水蒸氣的過程編入程式，用電腦進行演算的做法。即使到現在，當氣象廳要做超過1個月的預報時，也會使用這模型。不僅如此，就連聯合國的「政府間氣候變化專門委員會（ICPP）」在模擬地球暖化的情況時，也會用到大氣海洋耦合模型。

大氣海洋耦合模型

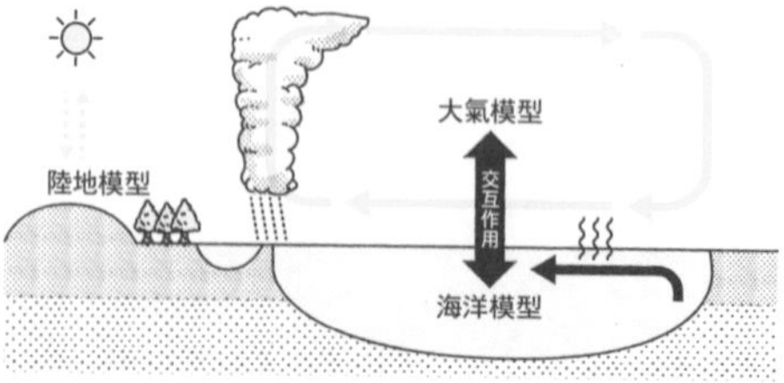

出處：參考日本氣象廳的網站繪製

参考文献

書籍・雑誌

マッティン・ヘードベリ／著、ヘレンハルメ美穂／訳、『世界の天変地異　本当にあった気象現象』、日経ナショナルジオグラフィック社

荒木健太郎／監修、Newton大図鑑シリーズ『天気と気象大図鑑』、ニュートンプレス

荒木健太郎／監修、『ゼロからわかる天気と気象（ニュートン別冊）』、ニュートンプレス

荒木健太郎／監修、『ニュートン式超図解　最強に面白い!!　天気』、ニュートンプレス

柴山元彦・中川昭男／監修、東辻千枝子／訳、『イラストで学ぶ　地理と地球科学の図鑑』、創元社

公益社団法人日本気象学会　地球環境問題委員会／編、『地球温暖化　そのメカニズムと不確実性』、朝倉書店

水野一晴／著、『世界がわかる地理学入門――気候・地形・動植物と人間生活』、筑摩書房

高橋日出男／監修、こどもくらぶ／著、『気候帯でみる！自然環境　①熱帯』、少年写真新聞社

高橋日出男／監修、こどもくらぶ／著、『気候帯でみる！自然環境　②乾燥帯』、少年写真新聞社

高橋日出男／監修、こどもくらぶ／著、『気候帯でみる！自然環境　③温帯』、少年写真新聞社

高橋日出男／監修、こどもくらぶ／著、『気候帯でみる！自然環境　④冷帯・高山気候』、少年写真新聞社

高橋日出男／監修、こどもくらぶ／著、『気候帯でみる！自然環境　⑤寒帯』、少年写真新聞社

筆保弘徳／監修・著、岩槻秀明・今井明子／著、『気象の図鑑』、技術評論社

河宮未知生／監修、今井明子／著、『異常気象と温暖化がわかる どうなる？気候変動による未来』、技術評論社

吉野正敏／著、『世界の風・日本の風』、成山堂書店

筆保弘徳／編著、『台風の大研究』、PHP研究所

岡秀一／監修、片平孝／著、『かわいた不思議な世界！　砂漠の大研究』、PHP研究所

青田昌秋／著、『白い海、凍る海　オホーツク海のふしぎ』、東海大学出版会

山崎孝治／編集、『気象研究ノート第206号「北極振動」』、日本気象学会

『Newton』2021年9月号、2022年3月号、2022年6月号、ニュートンプレス

ウェブサイト

気象庁、https://www.jma.go.jp/
NOAA（アメリカ大気海洋庁）、https://www.weather.gov/
インド気象局、https://mausam.imd.gov.in/
オーストラリア気象局、http://www.bom.gov.au/?ref=logo
首相官邸、https://www.kantei.go.jp/
国土交通省、https://www.mlit.go.jp/
外務省、https://www.mofa.go.jp/
環境省、https://www.env.go.jp/
津南町役場、https://www.town.tsunan.niigata.jp/
在日オーストラリア大使館、https://japan.embassy.gov.au/tkyojapanese/home.html
FAO、https://www.fao.org/home/en
国立天文台 天文情報センター 暦計算室、https://eco.mtk.nao.ac.jp/koyomi/
国立極地研究所、https://www.nipr.ac.jp/
国立環境研究所、https://www.nies.go.jp/
寒地土木研究所、https://www.ceri.go.jp/
北海道立オホーツク流氷科学センター、http://giza-ryuhyo.com/
東京大学 先端科学技術研究センター 気候変動科学分野 中村研究室、
https://www.atmos.rcast.u-tokyo.ac.jp/nakamura_lab/
名古屋大学 宇宙地球環境研究所「50のなぜ?」、
https://www.isee.nagoya-u.ac.jp/hscontent/books.html#naze
筑波大学 計算科学研究センター 地球環境研究部門 日下博幸研究室、
https://www.geoenv.tsukuba.ac.jp/~kusakaken/index.php?id=1
ウェザーニュース、https://weathernews.jp/
日本気象協会、https://tenki.jp/
バイオウェザーサービス、https://www.bioweather.net/
ナショナル ジオグラフィック、https://natgeo.nikkeibp.co.jp/
NHK、https://www.nhk.or.jp/
コカネット、https://www.kodomonokagaku.com/
学研キッズネット、https://kids.gakken.co.jp/　ほか

索引

國家圖書館出版品預行編目資料

（圖解版）世界氣候全解密：從地理和地球科學了解世界氣候是如何運作／今井明子作；謝如欣譯. -- 初版. -- 臺中市：晨星出版有限公司，2023.05
面；　公分. --（勁草生活；534）
譯自：面白いほどスッキリわかる！世界の気候と天気のしくみ
ISBN 978-626-320-422-5(平裝)
1.CST: 氣候學

328.8　　　　　112003266

歡迎掃描 QR CODE
填線上回函！

勁草生活 534

（圖解版）世界氣候全解密

從地理和地球科學了解世界氣候是如何運作

面白いほどスッキリわかる！世界の気候と天気のしくみ

作者	今井明子
插畫	Uguisu（うぐいす）
譯者	謝如欣
執行編輯	謝永銓
校對	謝永銓
封面設計	戴佳琪
內頁排版	黃偵瑜
創辦人	陳銘民
發行所	晨星出版有限公司 407 台中市西屯區工業 30 路 1 號 1 樓 TEL：04-23595820　FAX：04-23550581 E-mail：service@morningstar.com.tw https://www.morningstar.com.tw 行政院新聞局局版台業字第 2500 號
法律顧問	陳思成律師
初版	西元 2023 年 05 月 15 日（初版 1 刷）
讀者服務專線	TEL：02-23672044／04-23595819#212
讀者傳真專線	FAX：02-23635741／04-23595493
讀者專用信箱	service@morningstar.com.tw
網路書店	https://www.morningstar.com.tw
郵政劃撥	15060393（知己圖書股分有限公司）
印刷	上好印刷股分有限公司

定價 390 元

ISBN 978-626-320-422-5

OMOSHIROIHODO SUKKIRI WAKARU! SEKAI NO KIKO TO TENKI NO SHIKUMI
by Akiko Imai